# Monstermauern, Mumien und Mysterien 2

Reisen zu geheimnisvollen Stätten unseres Planeten

Walter-Jörg Langbein

Für
Heidi und Werner, Luise und Max
sowie
Birgit, Nadine und Vanessa

# Inhaltsverzeichnis

## Vorwort:

Professor Dr. Peter Schattschneider, Universität Wien, Physiker, stellt nüchtern fest (1): »Ich habe in meinem Fach die Erfahrung gemacht, dass nur wenige Kollegen angesichts von Unverstandenem sagen: ›Das ist phantastisch. Dieser Sache müssen wir nachgehen!‹ In aller Regel wird das Unverstandene bagatellisiert, in notorischen Fällen sogar geleugnet.«

Während das vermeintlich Phantastische vom Gros der Gelehrtenwelt abgelehnt wird, empfindet es der Gelehrte aus Österreich als Chance. Er schreibt weiter: »Zugleich aber bedarf die Naturwissenschaft ständig des Unverstandenen gleichsam als Antrieb: Wäre alles erklärt, hätte sie ausgedient.« Schließlich fordert der Physiker: »Was wir brauchen, ist eine Darlegung unverstandener Fakten ohne Verdrängungspolitik und ohne Lobhudelei des Mysteriums.«

Charles Hoy Fort (*1874; †1932), der Vater heutiger moderner Grenzwissenschaften, misstraute vermeintlich gültigen Lehrmeinungen, haben sie sich später doch oft als falsch erwiesen. Charles Hoy Fort warf den etablierten Wissenschaftlern seiner Zeit vor, nur solche Fakten anzuerkennen, die in ihre Vorstellungswelt von der Wirklichkeit passen. Recht hat er, der Mr. Fort! Es wurden einmal anerkannte Lehrmeinungen immer wieder gern bestätigt, selten – und das häufig von Außenseitern – angezweifelt. Was mit vorgefassten Konzepten nicht im Einklang stand, das war dazu verdammt, der Vergessenheit anheimzufallen. Hat sich da Grundlegendes geändert? Nicht wirklich, meine ich. Aber gerade diese widerspenstigen Tatsachen, die von den Vertretern offizieller Gelehrsamkeit vernachlässigt und verdrängt wurden, gerade sie hatten es Charles Hoy Fort besonders angetan. Folgen wir Forts Spuren auf der Suche nach verbotenem Wissen!

Viktor Farkas (*1945; †2011), Journalist und Buchautor, beklagte, dass die Schulwissenschaft zum Mysteriösen gern »Nein!« sagt. Er glaubte aber optimistisch an die Kraft des Rätselhaften (2): »Wozu auch verneinen? Das phantastische einundzwanzigste Jahrhundert wird uns dazu nötigen, zu vielem ›ja‹ zu sagen, das … unglaublich ist.«

Oscar Wilde (*1854; †1900) lässt Lord Henry in Kapitel 2 von »Das Bildnis des Dorian Gray« sagen (3): »Das wahre Geheimnis der Welt ist das Sichtbare, nicht das Unsichtbare.« In der Tat: Wer unvoreingenommen die Welt betrachtet, entdeckt überall das Geheimnisvolle. Folgen wir Forts Spuren auf der Suche nach verbotenem Wissen! Suchen wir gemeinsam das Fantastische im Sichtbaren! Haben wir keine Angst vor mutigen Fragen und kühn anmutenden Antworten.

Sir Arthur C. Clarke (*1917; †2008) macht uns Mut, das scheinbar Unmögliche in unsere Überlegungen einzubeziehen (4): »Wenn ein angesehener, aber alter Wissenschaftler behauptet, dass eine Sache möglich ist, hat er höchstwahrscheinlich recht. Wenn er aber sagt, eine Sache sei unmöglich, hat er sehr wahrscheinlich unrecht.«

Bereisen wir gemeinsam die Welt! Suchen wir nach dem Geheimnisvollen – in heimischen Kirchen, in den Monstermauern von Nan Madol, in Krypten und Mythen! Wir werden fündig werden! Uns werden Mumien, fliegende Schiffe, Göttinnen und ein Monster am Fluss begegnen! Wir werden an einem mysteriösen »Voodoo-Ritual« auf der Osterinsel teilnehmen und im Frankenland einem steinernen Riesen begegnen.

Nach wie vor gilt: Es gibt so viel Geheimnisvolles und Rätselhaftes auf unserem Planeten! Übersehen wir nicht das Unverstandene, versuchen wir nach Antworten zu suchen. Keine Angst vor kühnen Gedanken! Nur Mut!

Fußnoten

(1) Farkas, Viktor: »Unerklärliche Phänomene jenseits des Begreifens«, Frankfurt 1988, S. 11

(2) Farkas, Viktor: »Rätselhafte Wirklichkeiten/ Aus den Archiven des Unerklärlichen«, München 1998, Seite 11

(3) Wilde, Oscar: »Das Bildnis des Dorian Gray«, Hamburg 2017, eBook-Ausgabe, Pos. 384 (Originalzitat: »The true mystery of the world is the visible, not the invisible.«

(4) Clarke, Arthur C.: »Profiles of the Future/ An Inquiry into the Limits of the Possible«, Gateway 2013, eBook, Pos. 350/ Seite 350

Originalzitat: »When a distinguished but elderly scientist states that something is possible, he is almost certainly right. When he states that something is impossible, he is very probably wrong.«

## 1. Kreaturen aus einer anderen Welt

»Pohnpei«, auch als »Ponape« bekannt, gehört zur Inselgruppe der Karolinen. Touristen verirren sich nur selten in diese weit abgelegene Region der Südsee. Manche kommen, um im glasklaren Wasser zu tauchen. Erstaunt stellen sie dann fest, dass es eine echte archäologische Sensation gibt. Freilich haben sie ihre Tage in Pohnpei schon längst verplant, so dass für die mysteriösen Geheimnisse keine Zeit bleibt.

Keine Frage: Dem Taucher erschließt sich eine atemberaubend schöne Unterwasserwelt in faszinierenden, fast schon grellbunten Farben. Es gibt aber auch über den Wellen der Südsee wirklich Phantastisches zu entdecken, nämlich so etwas wie das »achte Weltwunder«. Auf künstlichen Inseln wurden gigantische Bauten errichtet, aus gewaltigen Steinsäulen, mit meterdicken Mauern. Warum wurde in der fernen Südsee so gigantisch gebaut? Warum setzte man unvorstellbare Mengen an massivem Stein ein und nicht Holz, das so üppig wächst? Warum schichtete man kolossale Steinsäulen im »Blockhüttenstil« aufeinander. Warum machte man sich unendliche Mühen mit tonnenschwerem Stein, statt das viel einfacher zu bearbeitende, leichter zu transportierende und im Übermaß vorhandene Holz zu nutzen? Es mussten offensichtlich die tonnenschweren »Steinsäulen« sein! Warum? Welchem Zweck dienten einst die Monstermauern von Nan Madol im idyllischen Südseeparadies?

Das »Weltwunder Nan Madol« findet sich nicht auf dem geheimnisvollen Eiland »Pohnpei«, sondern im Pazifik, im Osten von der noch lange nicht erforschten Hauptinsel. Der mysteriöse Komplex im Meer, »Temwen« (frühere Schreibweise: »Temuen«) genannt, besteht aus 82 künstlich angelegten Inseln. Auf diesen kleinen und kleinsten Eilanden finden sich Ruinen. Von den meisten sind nur noch Fundamente zu erkennen, andere wurden fast vollständig abgetragen, um wieder andere Gebäude zu errichten. Einst soll es eine stolze Stadt gegeben haben. Wie sie einst hieß, wir wissen es nicht mehr. »Nan Madol« wird sie heute genannt.

Zyklopenbau Nan Madol

Die 82 Inseln in der Südsee bei »Pohnpei« sind eindeutig künstlich geschaffen worden. Warum? Warum holzte man nicht auf Pohnpei selbst ein Areal ab, um Bauten auf sicherem Boden zu errichten? Es kann nicht bestritten werden, Forscher haben das tatsächlich herausgefunden: dass »Temwen« kein Produkt von »Mutter Natur« ist. »Temwen« ist, ich muss mich wiederholen, ein Komplex von 82 künstlich angelegten Inseln. Und zum Meer hin wurde eine wahre Monstermauer errichtet, deren Ausmaße auch heute noch beeindrucken. Wie lang und wie hoch das einst stolze Bauwerk war, konnte bis heute nicht eindeutig festgestellt werden.

Vor wem oder vor was sollte dieser mächtige Wall einst schützen? Sehr viel einfacher wäre es gewesen, die steinerne Stadt auf der Hauptinsel zu bauen. Da wäre auch die

Schutzmauer leichter zu bauen gewesen. Aber: Es mussten künstliche Inseln geschaffen werden, um darauf steinerne Gebäude zu errichten. Vom »Schutzwall« ist nur noch ein Teil erhalten. Und der ist aus der Luft nur noch als »Grünstreifen« zu erkennen. Das einst mächtige Mauerwerk ist weitestgehend von schnell wachsenden Pflanzen überwuchert. Man wundert sich: Woher beziehen sie wohl ihr Wasser? Die steinerne Wand steht im Meer, umtost von Salzwasser. Salzwasser freilich kommt als Kost für das üppige Gestrüpp nicht infrage.

Einige der künstlichen Inseln aus der Luft

Als ich meine erste Reise nach »Pohnpei« vorbereitete, hatte ich noch völlig falsche Vorstellungen. Ich erwartete ein Südseeeiland mit spärlich bekleideten Südseeschönheiten und bunten Blumen in wallendem Haar. Ich stellte mir endlose Sandstrände mit Palmen vor. Ich dachte an liebliche Musik und herrliche Aussichten über endlose Meeresweiten auf fernen Horizont. Nie und nimmer hätte ich erwartet, dass gerade »Pohnpei« krasseste Kontraste bieten würde: Eine

Welt des strahlenden Sonnenscheins auf der einen Seite und beängstigende Unwetter auf der anderen Seite. Immer wieder wichen bei meinen Fahrten per Motorboot zu den Monstermauern von Nan Madol babyblauer Himmel mit intensivem Sonnen einer düsteren Welt. Die Wirklichkeit schien dann dem Hirn von H.P. Lovecraft entsprungen zu sein.

Der »Strand« von »Pohnpei« verwandelte sich in ein fast schwarzes undurchdringbares Etwas. Pechschwarze Steinriesen tauchten auf, ein Etwas wie ein Berg wurde sichtbar. Das Szenario hätte von einer Werkstatt von Hollywood ersonnen und gebaut worden sein können. Oder es ist das Werk von Spezialisten, mit modernster Computertechnik erschaffen. Geeignet wäre das freilich reale Szenario für eine Verfilmung eines Werks von Lovecraft, vielleicht für einen Horrorschocker im Geiste von Lovecraft (*1890; †1937).

Es kam mir so vor, als würde eine riesige Maschinerie extrem schnelle Wechsel herbeiführen. Oder: Die einander schnell abwechselnden Extreme sind so radikal, als seien sie per Computer künstlich kreiert. Sie waren aber real: Der eben noch stechende Sonnenschein und die bedrückende Düsterkeit im Regenschauer, der die Grenze zwischen Meer und Luft verschwimmen ließ. Eben noch brannte die Sonne vom Firmament und schon wollten anscheinend sintflutartige Wasserströme vom Himmel alles Leben austilgen, so wie einst als Noah seine Arche baute.

Für Augenblicke sah es so aus, als ob im Urwalddickicht von »Pohnpei« fahle Lichtpunkte auf bösartige Beobachter schließen lassen, die mit Abscheu und Aggression verfolgten, wie unser Motorboot an ihnen vorüberzog. Mehr als skurril wirkt mein Foto. Man könnte meinen, es sei aus dutzenden von Einzelaufnahmen zusammengesetzt. Man könnte vermuten, dass Straßenlaternen und beleuchtete Fenster im Dunkeln zum merkwürdigen Foto geführt hätten. Aber da war nur Urwaldgestrüpp, da gab es keine Laternen und schon keine Gebäude mit elektrischem Licht.

Mysteriöse Lichter am Ufer

Die rapiden Wechsel hielten mehr als einen Vormittag an und wurden krasser, als wir uns dem Ruinenkomplex von Nan Madol näherten. Da schienen eben erst gigantische Mauern aus steinernen Säulen noch gestanden zu haben. Aber jetzt lagen sie zerbrochen und zerborsten am Boden, bildeten Haufen aus Steingewirr. Und im Regen wurden die Steine dunkel, ja schwarz, getränkt von den Himmelsfluten. Bizarre Landschaften signalisierten Bilder von Tod, nicht von Leben. Es war, als sei die Natur hier schon vor Ewigkeiten abgestorben, als habe ein Pesthauch alles abgetötet. Wie skelettöse Finger ragten dürre Baumleichen in den pechschwarzen Himmel. Abgestorbene Bäume trotzen noch den Naturgewalten. Es konnte nur eine Frage der Zeit sein, bis sie stürzen und im Meer des »Pazifik« verschwinden würden.

So manch' schauriges Szenario habe ich gesehen, das höchst real war und doch viel mehr zu düsteren Gedanken Lovecrafts passte als zu den Vorstellungen friedlich idyllischer Südseestrände. Menschenfressende Monster passten hier viel besser ins Bild als üppige Südseeschönheiten. Opfer gab es freilich zum Glück keine zu beklagen, wenn man einmal von meinen beiden Kameras absieht. Eine hatte ich stets mit analogem Negativfilm geladen, die andere mit Dia-Film. Kurz nach dem ersten Wolkenbruch setzten beide Kameras aus, sie konnten wohl die Feuchtigkeit nicht vertragen. Es dauerte eine Weile, bis sie wieder für kurze Momente ihren Dienst taten, um dann wieder zu »streiken«.

Sterbende Bäume, tote Bäume

Meine dramatische Schilderung der stürmischen Fahrt zu den Ruinen mag übertrieben wirken. Freilich bitte ich zu bedenken: Von einer Nussschale von Motorboot aus wirkten die rapiden Wetterwechsel wirklich höchst dramatisch. Noch furchteinflößender war freilich der sorglose Umgang unseres »Kapitäns« mit seinem Feuerzeug. Dann und wann goss er aus einem rostigen Kanister Benzin in den altersschwachen Motor. Seine Hauptsorge galt dabei offenbar seiner Zigarette, die immer wieder vom Regen gelöscht wurde. Während das Benzin in den Tank gluckerte, entflammte das Sturmfeuerzug den Glimmstängel zu neuem Leben. Eine Explosion konnte aber vermieden werden.

»Wenn es so stürmt, glauben manche der alten Menschen an das Wirken von bösartigen Geistern!«, erklärte mir der wackere Lenker des Motorboots. »Auch vielen Jungen sind die uralten Ruinen unheimlich. Bei Nacht möchte sich hier niemand aufhalten!«

Während wir, am Ufer scheinbar von mysteriösen Lichtern begleitet, der Ruinenstadt zustrebten, schrie der »Kapitän« gegen Motor und Unwetter an. Die gespenstischen »Laternen« blitzten auf, wurden heller, wieder dunkler, sprangen weiter. Mag sein, dass es für dieses seltsame Phänomen eine natürliche Erklärung gibt, unheimlich war's aber allemal!

»Mancher lacht über die Erzählungen der Alten. Die Alten sterben nach und nach, mit ihnen geraten die Überlieferungen in Vergessenheit. Viele der Alten mögen auch nicht mehr erzählen, was sie ihrerseits von den Großeltern erfahren haben.« Erst auf wiederholtes Nachfragen bekam ich einiges zu hören: Etwa von dem geheimnisvollen »Leuchten«. Nur wenige sollen es gesehen haben, wie für Bruchteile von Sekunden Steine und Bäume, Palmen und Wellen wie von innen heraus geglüht haben. Da habe es für kurze Momente einen Kontakt zwischen unserer Welt und einer anderen, bösen Welt gegeben. »In solchen Momenten können Kreaturen aus einer anderen Welt in unsere Welt eindringen.«

So ganz fremd war mir diese Geschichte allerdings nicht. So gab es bei den Kelten ein Fest zum Ende des Sommers. In dieser Zeit soll es nach keltischer Mythologie den Geistern Verstorbener möglich sein, aus dem Jenseits ins Diesseits zu wechseln. Meine Erklärung für das Aufstellen der Kürbisköpfe: Sie sollten die heimkehrenden Seelen daran hindern, wieder in die einstmals von ihnen bewohnten Häuser einzudringen. Tatsächlich gibt es Überlegungen, ob das

Halloweenfest nicht vielleicht auf ein sehr viel älteres Totenfest zurückgeht.

Kürbisköpfe zum Abschrecken der Totengeister

## 2. Wenn die Sterne an der richtigen Stelle standen

Mein großes Vorbild war in jungen Jahren neben Erich von Däniken der Schriftsteller Abraham Merritt (1). Merritt brach früh die Schule ab und reiste mit 17 nach Zentralamerika, um an Ausgrabungen in Yucatán teilzunehmen. Er dürfte einer der ersten Weißen überhaupt gewesen sein, die die Maya-Ruinen von Tulum besuchten. Merritt gelang eine geradezu kometenhafte Karriere als Journalist. Mit 18 war er festangestellter Reporter für den »Philadelphia Inquirer«, acht Jahre später hatte er es zum Mitherausgeber des Blattes gebracht.

Vor 100 Jahren, anno 1918, erschien Abraham Merritts Novelle »The Moon-Pool«, und zwar in Fortsetzungen im Magazin »All-Story-Weekly«. Die Leserschaft war begeistert. Merritt schob bereits 1919 »Conquest of the Moonpool« nach. Beide Novellen wiederum arbeitete Abraham Merritt in den Roman »The Moonpool« um. Vor 40 Jahren brachte der Heyne-Verlag Merritts »The Moonpool« als »Der Mondsee« in deutscher Übersetzung heraus, vor 30 Jahren folgte eine weitere deutsche Ausgabe des Romans, jetzt aber unter dem neuen Titel »Der Mondteich« (2).

Merritts »Moonpool« beeinflusste eindeutig H.P. Lovecraft (*1890; †1937). Völlig korrekt verweist Deutschlands führender Lovecraft-Experte Marco Frenschkowski darauf hin (3), dass Merritt und später Lovecraft die Ruinen von Nan Madol quasi als Kulisse eines fantastischen Theaters genutzt haben. Lovecaft weiß von (4) »einer scheußlichen Legende«, die von uralten Zeiten berichtet (4) »während derer andere Wesen die Welt beherrschten«, die »in großen Städten gehaust« haben sollen, (4) »deren Überreste ... könne man noch als zyklopische Steine auf Inseln im Pazifik finden. Sie seien viele Zeitalter vor der Ankunft des Menschen gestorben.«

Zyklopenhafte Bauten gab es einst bei Pohnpei und auf dem Eiland Kosrae. Ihre Ruinen sind auch heute noch teilweise sehr beachtlich und unbedingt eine Reise wert. H.P. Lovecraft geht immer wieder in seinem Werk auf Nan Madol ein. Zu den wichtigsten Texten Lovecrafts gehört meiner Meinung nach »Der Ruf des Cthulhu« (5). Lovecraft notierte sich zentrale Ideen bereits am 12. oder 13. August 1925, aber erst im Sommer des Jahres 1926 machte er daraus eine Kurzgeschichte. Lovecraft, der eigene Träume gern als Quellen für seine Texte verwendete, lässt seine »Helden« immer wieder Entsetzliches und Fantastisches im Traum erleben. Seit meinen Besuchen in den Ruinen von Nan Madol erkenne ich bei Lovecraft da und dort Anspielungen auf die einst gewaltigen Bauten.

In »Der Ruf des Cthulhu« lesen wir (6), dass einem gewissen Wilcox »ein noch nie geträumter Traum von zyklopisch-großen Städten aus titanischen Blöcken und vom Himmel gefallenen Monolithen« überkam. Weiter heißt es da: »Wände und Säulen seien mit Hieroglyphen bedeckt gewesen«.

Blöcke von beachtlicher Größe und Säulen wurden in Nan Madol einst zu titanischen »Tempeln« aufgetürmt. Hieroglyphen oder Schriftzeichen freilich wird man vergeblich suchen. Schriftliche Urkunden aus der Zeit der Erbauung von Nan Madol hat man bis heute nicht gefunden. Dabei muss es aber eine sorgsame Planung der gewaltigen Mauern gegeben haben, bevor man sich daranmachte, die beeindruckenden Bauwerke zu realisieren.

Wer heilige Bücher, Mythen, Sagen und apokryphe Schriften nach Hinweisen auf »Astronautengötter« durchforstet, der wird auch bei Lovecraft immer wieder fündig (7): »Sie verehrten, so sagten sie, die Großen Alten, die schon lange vor den Menschen gelebt hätten und die vom Himmel auf die junge Welt gekommen seien.« Und diese Wesen stammen bei Lovecraft aus dem All. Er beschreibt sie als interstellar reisende Astronautengötter, und das in einer Zeit, als der Flug zum Mond bestenfalls fantastische Utopie einzelner »Spinner« wie Oberth und Sänger war (8):

»Wenn die Sterne an der richtigen Stelle standen, konnten sie durch das All von Welt zu Welt tauchen. ... Und sie konnten nur wach in der Finsternis liegen und sinnen, während unzählige Jahrmillionen vorbeizogen. Sie wussten auch weiterhin, was im Weltall vor sich ging.«

In der komplexen Welt des H.P. Lovecraft kamen einst in grauer Vorzeit »Götter« aus dem All zur Erde. Sie teilten sich auserwählten Menschen mit, so wie die Elohim / Jahwe bestimmte Menschen über ihre Absichten informierten. Häufig kontaktiere der biblische Gott einzelne Menschen im Traum, so wie der mächtige Gott der Osterinsel Make Make »seinen« Menschen Botschaften im Traum übermittelte. Der fliegende »Obergott« der Osterinsel war Make Make. Und der soll – so überliefert es die Mythologie – Priester Hau Maka im Traum gezeigt haben, wie er sein Volk von der in den Fluten versinkenden Heimat zur Osterinsel geleiten konnte. So wurde dann das Volk Hau Makas in Schiffen evakuiert, vom »Atlantis der Südsee« zur Osterinsel. Übrigens: Auch in Lovecrafts Mythologie versinken Inseln im Pazifik und tauchen wieder auf. Ganz ähnlich gibt es bei den Hopi Mythen über Versinken von besiedelten Gebieten im Pazifik und Auftauchen von neuen Landmassen. Auf der Osterinsel hörte ich anno 1982 einen spannenden Mythos von einem mächtigen Gott, der mit einem riesigen Hebel Land im Pazifik nach unten drücke, wodurch die Osterinsel entstanden sein soll, die im Gegenzug aus den Fluten emporstieg.

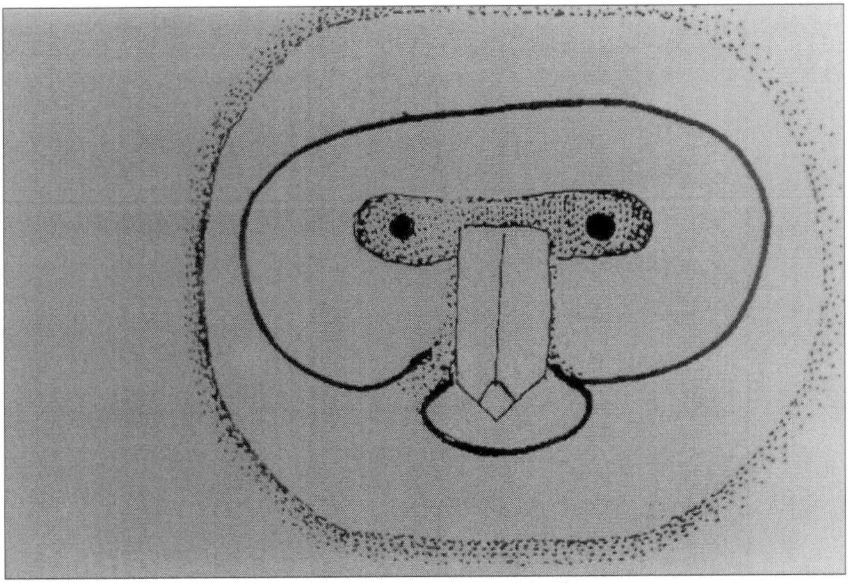

Make-Make, der Osterinselgott

Bei Lovecraft sind es die »Großen Alten«, die sich herabließen, mit Menschen zu kommunizieren, mit den (9) »Empfänglichen unter ihnen, indem sie ihre Träume formten; denn nur auf diese Weise konnte ihre Sprache den fleischlichen Verstand eines Säugetiers erreichen. Dann … bildeten jene ersten Menschen den Kult um kleine Götzenbilder, welche die Großen Alten ihnen gezeigt hatten, Götzenbilder, die in finstrer Zeit von den dunklen Sternen gekommen seien.«

Vor vielen Jahren hörte ich staunend im nordöstlichen Arizona, wie ein altehrwürdiger Greis das Geheimnis der kleinen »Kachina«-Puppen erklärte. NASA-Ingenieur Josef Blumrich (10) bestätigte mir im Interview: Die geheimnisvollen »Kachina« wurden einst von den »Himmlischen« in Auftrag gegeben. Sie sollten immer wieder angefertigt werden, bis zur Rückkehr der »Himmlischen«. Dann würden die Menschen auch in ferner Zukunft die kosmischen Besucher wiedererkennen. Wen wundert es da noch, dass auch die mächtigen »Götter« bei Lovecraft irgendwann wieder zu erwarten sind. Und muss man nicht an Erich von Dänikens »Erinnerungen an die Zukunft« denken, wenn Lovecraft fabuliert, einst würden die Menschen wie die Götter werden?

Abbild der Himmlischen

Nach präastronautischem Weltbild kamen einst »Astronautengötter« aus den Tiefen des Alls, so wie der Mensch einst in die Tiefen des Alls vordringen wird. Lovecraft: »Dann sei die Menschheit wie die Großen Alten geworden; frei und ungezähmt.«

Fußnoten

(1) *1884 in Beverly, New Jersey, USA, †1943 in Indian Trocks Beach, Florida, USA

(2) Fischer-Verlag

(3) Lovecraft, H.P.: »Chronik des Cthulu-Mythos I«, Leipzig 2011, S. 82 Mitte. Anmerkung: Marco Frenschkowskis Erläuterungen zu den Texten von Lovecraft sind für das bessere Verständnis von Lovecraft unverzichtbar. Der

Fest-Verlag ist sein vielen Jahren der führende Lovecraft-Verlag.

(4) Ebenda, S. 105

(5) Im Original: »The Call of Cthulhu«

(6) Lovecraft, H.P.: »Chronik des Cthulu-Mythos I«, Leipzig 2011, Seite 91 unten. In der eBook-Version: Seite 91, Position 1240

(7) Ebenda, S. 104 oben. eBook-Version S. 104, Position 1451

(8) Ebenda, S. 105. eBook-Version S. 105, Position 1475 und Position 1479

(9) Ebenda, S. 106. eBook-Version Seite 105, Positionen 1482 und 1483

(10) Blumrich, Josef F.: »Kasskara und die sieben Welten/ Weißer Bär erzählt den Erdmythos der Hopi-Indianer«, Düsseldorf Wien 1979

(11) Lovecraft, H.P.: »Chronik des Cthulu-Mythos I«, Leipzig 2011, Seite 106. eBook-Version S. 106, Position 1487

## 3. Aufstieg vom himmlischen Riff

Die geographischen Fakten: Pohnpei ist die größte der Karolinen-Inseln und gehört zu Mikronesien. Pohnpei übersieht man auf den Karten des Südseeraums leicht. Betrachtet man den kleinen Klecks auf der Karte genauer, so erkennt man: Es handelt sich bei Pohnpei wiederum um eine eigene Inselgruppe. Vom Flugzeug aus gesehen sticht zunächst das gebirgige, grüne Zentrum von Pohnpei ins Auge. Beim Landeanflug fallen weitere Details auf. Schützend umgeben ein schmales steiniges, trostloses Riff und winzig wirkende, oft kaum die schaumigen Meereswogen überragende Felsbrocken das Hauptteiland. Die »Felsbrocken« erweisen sich als einzelne kleine Inseln oder Ansammlungen kleiner Eilande, gegen die mächtige Wellenberge anstürmen.

Den Namen Pohnpei, so haben Sprachforscher herausgefunden, kann man übersetzen: »Auf einem steinernen Altar«. In Erinnerung an die alten Götter, die hier einst verehrt wurden, wurden 1984 diverse Schreibweisen wie »Ponape« und »Ponape To« offiziell abgeschafft. In der neuen Verfassung wurde offiziell »Pohnpei« als amtlicher Name festgeschrieben. Welchen Göttern zu Ehren wurde da ein Inselkomplex als »steinerner Altar« bezeichnet? Welchen Göttern wurde hier gehuldigt?

Ein riesiger „steinerner Altar“

Je gründlicher man sich mit der Geschichte von »Pohnpei« beschäftigt, desto deutlicher wird, dass man wenig wirklich gesicherte Informationen zur Vorgeschichte der steinernen Anlage hat. Schriftliche Quellen aus der Zeit vor der »Entdeckung« gibt es keine. Legenden und Mythen wurden mündlich bis in unsere Tage überliefert. Freilich sind die Einheimisch heute recht vorsichtig, wenn es darum geht, Fremde in die Geheimnisse der Vorfahren einzuweihen. Das Wissen der Altvorderen wird nach wie vor von Generation zu Generation weitergereicht. Eingeweiht wurden und werden offenbar immer die jüngsten männlichen Nachkommen. Die älteren erben Landbesitz, der Jüngsten das »geheime Wissen«, etwa über naturheilkundliche Methoden (1). Mündlich überliefert wurde auch der eigentliche, der ursprüngliche Name von Nan Madol. Demnach bezieht sich die neuere Bezeichnung »Nan Madol« auf die Wasserstraßen zwischen den künstlichen Inseln. »Nan Madol« soll so viel wie »Räume dazwischen« bedeuten (2). Der ursprüngliche Name, so lautet die Überlieferung, war »Soun Nan-Leng« (3), zu Deutsch »Das himmlische Riff«.

In Kolonia, der Hauptstadt von »Pohnpei«, kam ich mit einem Geistlichen ins Gespräch. Der Priester hatte gerade einen Gottesdienst in der »Kirche der United Church of Christ in Pohnpei« abgehalten. Eigentlich wollte der geschäftige Mann rasch enteilen, er blieb aber stehen, als ich auf mein Studium der evangelischen Theologie verwies. »Immerhin sind Sie kein Katholik!«, lachte er. Als ich mich nach »seinem« Gotteshaus erkundigte, war er zunächst sehr erfreut. Als ich dann aber auf die Ruinen von Nan Madol zu sprechen kam, wurde er zusehends reservierter. Als ich nach der Bedeutung des Namens »Soun Nan-Leng« fragte, wandte er sich abrupt ab, kam dann aber doch zurück. »Der Name ›Das himmlische Riff‹ führte zu einem weiteren Namen von Nan Madol: ›Ascension Island‹.« Und was das heiße, müsse ich ja wissen. »Ascension« kann man mit »Aufstieg«, »Aufsteigen« und »Himmelfahrt« übersetzen.

Der Geistliche pflichtete mir bei, lächelte und nickte jovial. Als ich freilich wissen wollte, wer denn seiner Meinung nach von Nan Madol zum Himmel aufgestiegen ist, verfinsterte sich sein Gesichtsausdruck. Wütend stapfte er wortlos davon. Mich stimmen diese Namen nachdenklich. Künstliche Inseln im Pazifik auf massivem steinernem Fundament, auf dem massive Bauten errichtet wurden, deren Zweck niemand mehr wirklich kennt, werden als »Das himmlische Riff« bezeichnet, als »Himmelfahrts-Insel«? Mir kommen da jedenfalls unsere alten »Astronautengötter« in den Sinn!

Anno 1828, so steht es in den Geschichtsbüchern, entdeckte der russische Kapitän Fedor Lütke die Inselwelt. Viele Einheimische hören das nicht so gern. »Was heißt hier, unsere Heimat wurde 1828 von einem Russen entdeckt? Das ist doch Unsinn! Entdeckt wurde unsere Heimat von unseren Vorvätern vor Jahrtausenden!«

Örtliche Forscher freilich haben herausgefunden, dass Temuen kein Produkt von »Mutter Natur« ist. Temuen alias Nan Madol besteht nämlich aus einem dichten Komplex von künstlich geschaffenen Inseln! Wie viele künstliche Eilande einst mit riesigem Aufwand geschaffen wurden, scheint nicht ganz klar zu sein. Ende der 1990er Jahre sprach man vor Ort von 82 künstlichen Inseln. Allerdings hieß es schon damals, dass es deutlich mehr gewesen sein könnten. So scheint es außerhalb des eigentlichen Nan Madol-Komplexes weitere Inseln zu geben, die von Menschenhand gebaut wurden. In den 2000er Jahren wusste man in Kolonia von »mindestens 92 künstlichen Inseln«. Ich bin davon überzeugt, dass man so manch' weitere Insel in der Art von Nan Madol entdecken wird.

Wie gingen die Baumeister vor? Geniale Konstrukteure haben zunächst ein Fundament aus tonnenschweren Steinbalken gelegt – unter Wasser! Das wird wohl bei Ebbe geschehen sein. Dann ist das Meer an manchen Stellen extrem seicht. Trotzdem kann man ob der enormen bautechnischen Leistung nur staunen! Die 92 Inseln sind – ich wiederhole mich – tatsächlich künstlich, von Menschenhand angelegt: Hatte man erst einmal eine Grundmauer errichtet, so wurde sie hauptsächlich mit Steinmaterial, Korallenstaub und Erde aufgefüllt. Auf dieser Basis wiederum wurden riesige Gebäude im Blockhüttenstil aufgetürmt, wobei bis zu neun Meter lange sechs- und achteckige Säulen verwendet wurden. Die künstlichen Inseln, die seit unzähligen Jahrhunderten den Gewalten des tosenden Meeres trotzen, stellen zusammen mit den steinernen Riesenbauten das achte Weltwunder dar: Nan Madol!

Nan Madol war einst so etwas wie das steinzeitliche Venedig der Südsee. Zwischen hunderten mächtigen Bauten auf künstlichen Inseln gab es kanalartige Seewege anstatt von Straßen. Die Bewohner von Nan Madol besuchten sich gegenseitig mit dem Boot. Es nimmt nicht Wunder, dass sie ihre in den Weiten der Südsee verlorene Heimat Nan Madol nannten, was sich mit »Ort der Zwischenräume« übersetzen lässt.

Luftaufnahme von Nan Madol

Der Weg von Pohnpeis Hauptstadt Kolonia nach Nan Madol ist nichts für Menschen, die schnell seekrank werden. Die Reise muss so angetreten werden, dass man dann am Ziel ankommt, wenn die Flut hoch steht. Und man muss sich wieder auf den Rückweg machen, so lange die Flut noch währt. Sonst sind die seichten Meeresuntiefen um Nan Madol herum nicht zu passieren. Lihp Spegal, der tüchtige Guide, erklärte mir: »Es gibt zwei Möglichkeiten. Die erste: Man fährt langsam aufs Meer hinaus. Dann spürt man jede einzelne Welle und wird durch das dauernde Auf und Ab auf den hohen Wellen seekrank. Die zweite: Man fährt so schnell es geht. Dann fliegt man förmlich über die Wellen dahin. Aber fast jede schlägt kräftig gegen den Boden des Boots. Man wird also tüchtig durchgeschüttelt!«

Meine Reisegefährten und ich, wir entschieden uns für Version 2. Tag für Tag nahmen wir zwei bis drei Stunden Ritt auf den polternden Wellen in Kauf. Und das in einem einfachen Kahn, auf einem Brett am Boden sitzend. Schon nach kurzer Zeit war der Boden mit Salzwasser bedeckt, saß man mit dem Allerwertesten hart und nass. Meine Kameraausrüstung lag dabei in meinem Schoß. Ich versuchte, die gewaltigen Schläge so gut es ging abzufedern. Ausgestattet war unser Vehikel mit einem Motor für ein starkes Rennboot. So brauste unser Kahn nur so dahin, bekam etwa alle zehn Sekunden von einer Welle einen gewaltigen Hieb gegen den wenig vertrauenerweckend aussehenden Boden. Die langen Risse im Kunststoffrumpf übersahen wir dabei geflissentlich. Irgendwann würde der Rennkahn auseinanderbrechen. Sollte mir das widerfahren, so hoffte ich, dass die Haie derweil anderweitig beschäftigt sein würden.

In rasender Fahrt ging es vorbei an kleinen dicht bewaldeten Inselchen. Da und dort sieht man eine windschiefe Hütte darauf errichtet. Ein paar Pfähle wurden in den Boden gerammt. Ein Wellblechdach als Regenschutz und Schattenspender angebracht. Diese »Bauten« passen nicht in die Natur. Schon haben wir die kleinen Eilande hinter uns gelassen. Immer wieder musste das Tempo stark gedrosselt werden. Dann zuckelten wir wieder einmal über eine seichte Untiefe. Bunte Seesterne leuchteten vom greifbar nahen Boden. Geschickt hob dann Guide Lihp Spegal den Außenbordmotor hoch. »Sonst streift er mir am Boden an!«, erklärte er lachend in gut verständlichem Englisch und fügte hinzu: »Jetzt stellen Sie sich einmal vor, wir hätten eine tonnenschwere Basaltsäule im Boot, um sie nach Nan Madol zu transportieren! Wir würden garantiert an einer dieser Untiefen hängen bleiben!«

Gnadenlos brannte die Sonne vom Firmament, wenn es nicht wieder einmal in Strömen regnete. Sonnenbrände entstehen, mag man sich noch so intensiv mit Sonnencreme einschmieren, alle Tage wieder. Die Schmerzen sind aber rasch vergessen. Denn unser Ziel ist das achte Weltwunder, das steinzeitliche Venedig der Südsee.

Schon dem flüchtigen Beobachter drängen sich Fragen auf, sobald er sich per Boot dem geheimnisvollen Ziel nähert. Sie konnten bislang nicht zufriedenstellend beantwortet werden. Warum wurde im Meer vor der südöstlichen Küste von Temuen ein steinzeitliches »Disneyland« geschaffen? Warum geschah dies nicht stattdessen auf der Hauptinsel von Pohnpei, also auf Temuen selbst? Etwa im Norden, im Distrikt Sokehs. Hier wachsen vieleckige Steinsäulen wie monströse Haare aus dem Boden: erstarrte Lava. Diese natürlichen Riesenbalken wurden abgeschlagen, wie auch immer über weite Distanzen transportiert und zu gewaltigen Bauten nach dem »Blockhütten-Prinzip« aufgetürmt.

Heutige »Aufklärer« der populärwissenschaftlichen Sorte neigen dazu, die großen Rätsel der Vergangenheit einfach weg zu erklären. Dies geschieht auch in Sachen Nan Madol. Da wird so getan, als sei es geradezu ein Kinderspiel gewesen, das Baumaterial für die Monsterbauten von Nan Madol zu gewinnen. Weil angeblich die Basaltpfeiler allesamt so, wie sie später verbaut wurden, fix und fertig vor Jahrmillionen entstanden.

Gewaltige Mauern schützen heilige Städte

Fußnoten

(1) Ashby, Gene (Hrsg.): »A Guide to Pohnpei/ An Island Argosy by George Ashby«, 2. revidierte Auflage, Kolonia 1993, Seite 236
(2) »Nan Madol« = »spaces between«, nach Shah, Amish: »Built by levitation«, Manuskript, undatiert, Archiv Walter-Jörg Langbein
(3) Ashby, Gene (Hrsg.): »A Guide to Pohnpei/ An Island Argosy by George Ashby«, 2. revidierte Auflage, Kolonia 1993, Seite 346

## 4. Nan Madol - das Mirakel der Südsee

Oxford-Professor John Macmillan Brown, unermüdlicher Forschungsweltreisender und einer der großen Gelehrten Neu Seelands, Gründer die »University of Canterbury« von Christchurch, anno 1924 in »The Riddle of the Pacific« (1): »Beim südöstlichen Riff von Ponape gibt es eine zyklopische Ruine; da sind große Gebäude mit einer Grundfläche von insgesamt elf Quadratmeilen errichtet worden, auf quadratischen oder rechteckigen künstlich geschaffenen Inselchen. Das Verschiffen über das Riff bei Flut und das Hochzerren dieser gewaltigen Blöcke, wovon viele bis zu fünfundzwanzig Tonnen wiegen, bis in eine Höhe von zwanzig Metern, muss den Einsatz von Zehntausenden von gut organisierten Arbeitern bedeutet haben. Und die müssten alle gekleidet und ernährt worden sein.«

Das aber, so der Gelehrte, war eigentlich unmöglich: Für zehntausende Arbeiter war kein Platz. Zehntausende konnten nicht hinreichend ernährt werden. So viel Nahrungsmittel konnten auf dem kleinen Eiland gar nicht produziert werden. Und selbst wenn die Arbeitssklaven kärglichst verköstigt wurden, so hätten sie doch unübersehbare Spuren hinterlassen müssen. Selbst wenn sie in armseligsten Behausungen vegetiert hätten, derlei große Ansiedlungen verschwinden nicht spurlos. Fazit: Um die Bauten von Nan Madol zu verwirklichen, wären Zigtausende von Arbeitern erforderlich gewesen. Ein auch nur annähernd großes Heer von Arbeitern hat es aber auf Nan Madol nie gegeben. Also dürfte es eigentlich die Anlagen von Nan Madol gar nicht geben. Sie existieren aber. Professor Macmillan Brown (2): »Es ist eines der großen Mirakel der Südsee!«

Im Skaftafell-Nationalpark im Südosten Islands gibt es eine besondere Sehenswürdigkeit: den Svartifoss-Wasserfall. Tosende Wassermassen stürzen da weißschäumend in die Tiefe, und das vor schwarzen Basaltsäulen. So soll zumindest auch einer der »Steinbrüche« von Nan Madol aussehen. Die Säulen mussten nur noch gebrochen und transportiert werden. Trotz mehrerer Anläufe ist es mir nicht gelungen, einen der Steinbrüche zu besichtigen. Ich muss zugeben: Die Ruinen waren mir sowieso wichtiger.

Quelle: https://de.wikipedia.org/wiki/Svartifoss#/media/File:SvartifossSummer.jpg; Andreas Tille

Wie groß Nan Madol einst wirklich war, wir wissen es nicht. Man kann davon ausgehen, dass Teile der heutigen Ruinenstadt im Meer versunken sind. Taucher haben Reste von einstmals wohl riesenhaften Bauten weiter im Westen von Nan Madol auf dem Meeresgrund entdeckt. Eine Untersuchung hat es dort bis heute nicht gegeben. Klar ist: Die »Säulen« wurden von der Erde gestellt, schlagen und transportieren musste sie der Mensch.

Nan Madol aus der Vogelperspektive

Warum hat man aber die Gebäude nicht in der Nähe des Steinbruchs errichtet? Genauer: Warum hat man die Stadt aus Basaltsäulen nicht in der Nähe eines der Steinbrüche gebaut? Mehrere heute von Urwaldickicht überwucherte Orte werden als potentielle ehemalige Steinbrüche gewertet. Erreichbar waren sie bei meinen Besuchen leider nicht. Dann wäre das Problem des Transports der Säulen erst gar nicht aufgekommen. Irgendwie muss es vor vielen Jahrhunderten gelöst worden sein. Wie? Eine überzeugende Antwort vermögen die Archäologen nicht zu bieten. Warum wurden an der entgegengesetzten Seite der Hauptinsel erst im Meer unter kaum vorstellbarem Aufwand 92 künstliche (oder mehr) Inseln gebaut, um als Fundamente für eine steinzeitliche Anlage monströser Bauten zu dienen? Warum schuf man direkt im Meer eine Stadt? Und nicht auf dem Festland von Temuen selbst?

Warum wurde überhaupt mit Stein gebaut? Gab und gibt es doch Holz in unbeschreiblichem Überfluss. Holzstämme standen in ausreichendem Maße zur Verfügung, um die ganze Insel mit Häusern und Tempeln förmlich zu überziehen. Warum verschmähte man aber dieses leicht zu bearbeitende Material und zog tonnenschwere Basaltsäulen vor? Wie wurden die bis zu neun Meter langen und oft mehr als zehn Tonnen schweren Säulen transportiert? Welchem Zweck dienten die Bauwerke?

James G.O'Connell war vermutlich der erste Europäer, der die geheimnisvolle Welt von Nan Madol bestaunte und ausführlich beschrieb. In seinem Werk »Adventures of James G. O'Connell«, 1836 in Boston publiziert, lesen wir (3):

»Das schönste Abenteuer dieser Exkursion war die Entdeckung einer großen unbewohnten Insel, auf der erstaunliche Ruinen waren, von einem geradezu wirklich wundersamen Umfang und Ausmaß. Im äußersten Osten befindet sich eine große flache Insel, die bei Flut in dreißig oder vierzig kleinere unterteilt zu sein scheint, nämlich vom Wasser, das dann ansteigt und über sie fließt. Dort gibt es keine Felsen, die von der Natur aus dort befinden. (Sie müssen also von Menschenhand hingeschafft worden sein.) In manchen Teilen wachsen Früchte, reifen und verfaulen. Aus einer gewissen Entfernung scheinen die Ruinen eine fantastische Anhäufung durch Mutter Natur zu sein, als wir uns aber näherten, waren wir erstaunt ob der offensichtlichen Spuren von Menschenhand bezüglich ihrer Errichtung.«

»Die Flut war hoch, unser Kanu wurde in einen schmalen Bach gepaddelt, der so eng war, dass er an manchen

Stellen kaum durchfahren konnte. Am Eingang passierten wir viele Yards zwischen zwei Mauern, die so nah waren, dass wir beide vom Boot aus, ohne seine Lage zu verändern, die Wände hätten berühren können.«

Für die Bewohner der Hauptinsel war die Ruinenwelt absolutes Tabu (»majorhowi«). Ein Zauber, so warnte man James G. O'Connell eindringlich, liege auf der mysteriösen Stätte und werde ihn töten, so er den heiligen Bauten auch nur nahekomme. O'Connell ließ sich nicht abschrecken. Immer wieder kehrte er zurück, beobachtete, studierte und notierte seine Eindrücke. Bewundernd hielt er fest: »Die immense Größe eines Teils der Steine in den Wänden machte es unmöglich, dass sie ohne die Hilfe einer mechanischen Apparatur hätten eingebaut werden können, welche allem überlegen hätte sein müssen, was ich bei den Insulanern sah.«

Schützt ein Fluch die künstlichen Inseln von Nan Madol?

Am 26. August 1857 veröffentlichte Dr. L. H. Gulick in »The Friend« seinen Bericht eines Besuchs von Nan Madol. Da heißt es: »Die gesamte Hauptinsel, und auch kleinere der bescheidensten Größe sind, so kann man sagen, von steinernen Strukturen überzogen, die man gewöhnlich als Ruinen bezeichnet, obwohl man daraus nicht ableiten sollte, dass sie tatsächlich in einem ruinenhaften Zustand sind. Es ist schwierig, eine Meile, ja auch nur die Hälfte davon, in irgendeine Richtung zu gehen, ohne auf die Überreste uralter Arbeit zu stoßen. Sie werden an allen möglichen Orten entlang der Küste, Meilen davon entfernt im Landesinneren, auf Anhöhen und in abgeschlossenen Tälern, auf flachen Ebenen und an Steilhängen gefunden.«

»Nan Douwas« heißt eine der Inseln, für die allein sich jeder Pohnpei-Besucher mehrere Tage Zeit nehmen sollte. Lihp Spegal, der tüchtige Guide, der mich mehrere Tage lang durch die steinernen Anlagen von Nan Madol geleitet hat, übersetzt den Namen so: »Im Mund des Hohen Häuptlings«. Was das zu bedeuten hat, wusste er nicht zu sagen. Just an dieser Stelle soll einst die Gottheit Nahnisohnsapw verehrt worden sein. Hier wurden die ersten Herrscher von Nan Madol feierlich in bunkerartigen Grüften bestattet. Jene Auserwählten sollen noch Kontakt zu den himmlischen Lehrmeistern gehabt haben, die auch in der Südsee als reale Wesen angesehen wurden, nicht etwa als geistige Prinzipien oder Verkörperung von Naturgewalten.

»Nan Douwas« macht einen wahrlich imposanten Eindruck. Die äußeren Mauern, bestehend aus meterlangen Basaltsäulen, sind stolze neun Meter hoch und drei Meter dick. Das riesige Geviert ist quadratisch angelegt. Jede Seite misst neunzig Meter. Vorsichtigen Schätzungen zufolge wurden allein hier schon 25 000 Basaltsäulen verarbeitet! Im Inneren folgt eine weitere Mauer, die einen Innenhof umgibt. Sie ist wiederum aus Basaltkolumnen errichtet worden. Aus gleichem Material ist auch die zentrale Gruft, die an einen Bunker erinnert. Die meterlangen »Steinbalken« sind millimetergenau aufeinandergesetzt. Auf Mörtel oder ein sonstiges Bindemittel wurde verzichtet. Geschickt wurden immer wieder bewusst Hohlräume ausgespart und mit zerstoßenen Korallen aufgefüllt. Verarbeitet wurden allein für die Gemäuer von »Nan Douwas« 13.500 Kubikmeter Füllmaterial und 4.500 Kubikmeter Basalt in Form von Steinsäulen.

Unser Rennkahn vor Nan Douwas

Worte sind zu schwach, um hinreichend zu beschreiben, was die Väter des achten Weltwunders einst vollbracht haben! Selbst noch so gute Fotos können die unglaublichen Leistungen der alten Südseebewohner nicht ausreichend würdigen. Die riesigen Gebäudekomplexe lassen sich nun einmal nicht wirklich fototechnisch erfassen. Wer freilich in der tropischen Hitze an Ort und Stelle die mysteriösen Bauwerke abgeschritten ist, der begreift, dass Nan Madol mit Fug und Recht als achtes Weltwunder bezeichnet wird.

Doch selbst wer es vor Ort erkundet, kann nur erahnen, wie gewaltig der riesige Komplex einst war. Auch heute können noch manche Kanäle per Boot mit möglichst geringem Tiefgang erkundet werden. Andere wiederum sind fast vollständig von tropischem Blattwerk zugewuchert. Es ist ein faszinierendes Erlebnis, sich vorsichtig per Boot in jenes grüne Dickicht hineinzuwagen. Hohe Pfahlwurzeln ragen weit aus dem brackigen, manchmal faulig riechenden Wasser heraus, verzweigen sich oberhalb des Wasserspiegels zu bizarren gewachsenen »Kunstwerken«.

»Wie können Pflanzen im Salzwasser wachsen?« Lihp Spegal zuckt mit den Schultern. »Es gibt hier wahrscheinlich Süßwasserquellen! Im Gemisch aus salzigem und süßem Wasser gedeihen Pflanzen, die in Salzwasser absterben würden!«

Fußnoten

(1) Brown, John Macmillan: »The Riddle of the Paific«, Honolulu, Hawaii,

Nachdruck 1996, Seite 52, Zwischenüberschrift »A vanished Empire Had Ponape as Centre«. (Zu Deutsch: »Ein verschwundenes Reich hatte Ponape als Zentrum«)

(2) Ebenda, Zeilen 9 und 10 von unten (Übersetzung aus dem Englischen durch den Verfasser.)

(3) Manuskript-Kopie. Archiv Walter-Jörg Langbein

## 5. Eine Apokalypse, zwei Zauberer und fliegende Steine

Pandanus wächst »unkrautartig« auf Pohnpei. Ihre Früchte wurden schon vor Jahrhunderten von den Seefahrern geschätzt. Gebacken oder zu einer Paste verarbeitet, dienten sie auf langen Seereisen als Kraftnahrung für die Seeleute. Das üppige Blattwerk bietet einen angenehmen

Schutz vor der grellen Sonne. Ein mildes Halbdunkel breitet sich aus. Das Auge gewöhnt sich an die neue, angenehme Situation. Obwohl die Luft feucht und warm ist und überall kleine oder größere Tümpel ideale Brutstätten für Moskitos wären, gibt es diese bösen Plagegeister hier nicht. Überall taucht zwischen Wurzeln und Farnen das typische Nan-Madol-Mauerwerk auf. Lange sechs- oder achteckige Säulen sind da aufeinandergetürmt. Meist sind die Mauern nicht sehr hoch, erinnern eher an rudimentäre Fundamente als an Wände. Wurden alte Gebäude weitestgehend abgetragen, wenn neue errichtet wurden? Wie wurden sie transportiert? Auf Kähnen über die Wasserstraßen?

Deutlicher noch sind Mauern zu erkennen, die die Kanäle begrenzen. Oder sind es die Fundamente der künstlichen Inseln, an denen wir vorbeifahren? Auch im Wasser liegen Basaltsäulen. Wurden sie beim Transport verloren? Oder sind es Reste von Bauten, die hier einst standen? Wurden sie abgetragen, als neue künstliche Eilande angelegt wurden? Angeblich wurde mehrere hundert, vielleicht sogar tausend Jahre an der Inselwelt gebaut. Imme neue Architekten verwarfen alte Pläne und entwickelten neue. Sie ließen wieder abtragen, was Generationen zuvor errichtet hatten. Immer wieder soll Magie im Spiel gewesen sein. Zaubersprüche wurden angeblich benutzt, um die Riesensäulen leicht zu machen.

Hastig huschen Fischschwärme am steinigen Boden dahin. Manchmal dringt ein Sonnenstrahl durch das Blattwerk bis auf den Grund des niedrigen Kanals. Golden blitzen Fische auf. Sie fliehen vor dem leise tuckernden, langsam dahingleitenden Motorboot.

Immer wieder sind die Spuren von schmalen Kanälen auszumachen, die einst seitlich von der »Hauptwasserstraße« wegführten. Sie sind aber verschlammt, zugewachsen und für Boote nicht mehr passierbar. »Vielleicht gibt es hier im Morast noch Reste der alten Schleusen!« mutmaßt der tüchtige Guide. »Man müsste sie ausgraben, freilegen!

Aber wer soll das bezahlen?« Dann mahnt Lihp Spegal ernst zum Aufbruch: »Wir müssen umkehren! Noch ist Flut, bei Ebbe schaffen wir den Rückweg nicht! Dann ist an manchen Stellen das Wasser zu seicht!«

Zurück bleibt die märchenhaft schöne, verträumte Zauberwelt der künstlichen Inseln des steinzeitlichen Venedigs der Südsee. »Morgen kommen wir wieder!« Mehr als strapaziös ist der Weg zu den mysteriösen Ruinen. Doch wer einmal hier war, ist vom geheimnisvollen friedlich-idyllischen Zauber fasziniert, der möchte immer wieder in dieses Paradies zurückkehren. Es sind nicht die erstaunlichen Ruinen allein, die faszinieren. Es ist nicht die üppige Pflanzenpracht allein, die es auf anderen Südseeinseln in bunteren Variationen gibt, die den Besucher fesselt. Es ist die dichte Atmosphäre, die von begabten Hollywoodregisseuren mit noch so vielen Dollars nicht realisiert werden könnte, die den Besucher in ihren Bann zieht: Hier sind Mythen und alte Sagen förmlich greifbar. Man spürt sie geradezu körperlich, ohne sie zu verstehen.

»Nan Douwas« ist das am besten erhaltene steinerne Riesenbauwerk von Nan Madol. Furchteinflößende Kräfte gewaltigen Ausmaßes haben freilich dem hohen Außenwall zugesetzt. Die imposanten Basaltsäulen, die heute nur mit starken Kränen bewegt werden könnten, wurden umhergewirbelt, so als handele es sich um ein überdimensionales Mikado-Spiel. Wer oder was brachte Teile der monumentalen Mauer teilweise zum Einsturz? Ein Erdbeben? Ein Orkan? Eine Riesenwelle? Oder fielen sie von Menschenhand, in einem Krieg?

Anno 1595 betrat Pedro Fernandez de Quiros als erster Weißer Nan Madol. »Nan Douwas« imponierte ihm sehr. Solch eine gewaltige Festungsanlage, so schlussfolgerte der recht materiell denkende Seemann, musste doch immense Schätze bergen. Vergeblich suchte er nach Wertvollem und verschwand enttäuscht. Anno 1686 sahen sich

Spanier »Nan Douwas« an. Sie beanspruchten den gesamten Inselkomplex als Besitz der spanischen Krone. Auch die neuen Herren suchten vergebens nach kostbaren Schätzen.

Haupteingang von Nan Douwas

Anno 1826 landete James O'Connel als Schiffbrüchiger. Ihm wurde ob der Einheimischen Angst und Bange. Freilich erwiesen sich seine Befürchtungen als unbegründet. Der wackere Ire kam erst gar nicht auf den Speiseplan der einheimischen Kannibalen, die damals angeblich noch der Menschenfresserei huldigten. Er heiratete eine Einheimische und ließ sich am ganzen Körper tätowieren. Die Meister jener Kunst genossen es, die weiße Haut mit komplizierten Motiven zu überziehen. (Später zog O'Connel mit einem Zirkus um die Welt und ließ sich gegen Barbezahlung bestaunen.) Wenn je ein Außenstehender das Vertrauen der Einheimischen genossen hat, dann war es der einstige

Schiffbrüchige. Auch er erfuhr freilich nichts von einem Schatz auf »Nan Douwas«.

»Nan Douwas« ist freilich nur eine steinerne Anlage der mysteriösen Art von vielen. Sie alle wurden einst auf einer künstlichen Insel errichtet.

»Dapahu« gilt heute als eines der ältesten künstlichen Eilande, soll etwa 230 nach der Zeitwende erbaut worden sein. Solche Datierungen sind freilich fragwürdiger denn je. Gewiss, es fanden sich hier mehr auswertbare Spuren als sonst wo in Nan Madol: Unzählige Töpferwaren. Ist es aber nicht eher unwahrscheinlich, dass in den angeblich ältesten Bauwerken die meisten Spuren der einstigen Bewohner gefunden wurden? Wahrscheinlicher ist es doch, dass dort, wo besonders viele Tonwaren gefunden wurden, historisch gesehen zuletzt gesiedelt wurde. Dann aber wäre »Dapahu« nicht die älteste, sondern die jüngste Anlage. Dann müssten folgerichtig die anderen noch älter sein!

Diese Annahme wird auch durch die örtliche mündliche Überlieferung bestätigt! Auf Dapahu sollen einst die Speisen für die ersten Herrscher von Nan Madol zubereitet worden sein. Besonders hohes Ansehen genossen die Schiffsbauer. Die Besten der Besten arbeiteten für die hohen »Chefs«. Sie hatten auf Dapahu ihre Werkstätten. Oder sollte man besser sagen: Ihre Büros? Denn die Herrscher mieden allem Anschein nach, wo immer das möglich, war jeden Kontakt mit der »niederen Bevölkerung«.

»Pahn Kadira« war, so mutmaßt man, das logistische Zentrum. Von hier aus wurden die Baumaßnahmen gesteuert. Hier wohnten die besten Steinspezialisten. Sie waren es, die die riesigen Basaltsäulen, die im Norden von Temuen aus dem Boden wuchsen, »fällten«. Allein das erforderte schon erstaunliches Können. Die gewaltigen Kolosse mussten nicht nur »geschlagen« werden. Sie mussten mit enormem Kraftaufwand niedergelassen, zum Boden abgesenkt werden, ohne dass die viele Tonnen schweren

»Steinstämme« zerbrachen. Wie wurden sie abgesägt? Schließlich stand den Spezialisten damals angeblich kein Metall zur Verfügung!

In einer kleinen Privatbibliothek in Kolonia durfte ich einige erstaunliche Werke einsehen, die die Ursprünge von Nan Madol zu ergründen versuchten. Dr. Campbell, ein Schiffsarzt, der anno 1836 Nan Madol besuchte, mutmaßte, dass die künstlichen Inseln von einer Rasse bebaut wurden, über die nichts mehr in Erfahrung gebracht werden könne. Es gebe nicht nur auf den künstlichen Inseln, sondern auch auf Ponape alias Pohnpei erstaunliche Bauten. Längst seien sie vom Urwalddickicht verschlungen und kaum noch zu finden.

Auch die Osterinsulaner sollen von einem „Atlantis der Südsee“ gekommen sein

Auch die Mythologie der Osterinsel kennt ein uraltes Königreich im Pazifik, das in den Fluten versank. Der fliegende Gott Make Make soll dem Priester Hau Maka sozusagen im letzten Moment als neue Heimat die Osterinsel gezeigt haben. Olisihapa und Olsohapa konnten, so weiß es die mündlich weitergereichte Mythologie, riesige Steinsäulen durch die Luft schweben lassen und zu Monstermauern und Riesentempeln auftürmen.

Zweimal bekam ich eine Legende erzählt: Demnach kamen einst siebzehn Frauen und Männer aus einem Land weit im Süden und schufen die Fundamente der »Tempel«. Erst sehr viel später kamen die Zwillingsbrüder Olisihapa und Olsohapa in einem »riesigen Kanu«. Die Heimat der beiden Zauberer, so wird überliefert, wurde in einer katastrophalen Apokalypse zerstört und versank schließlich im Meer. Kanamwayso könnte mit der Urheimat der Osterinsulaner identisch sein, einem »Atlantis« des Pazifiks.

Massives Inselfundament

## 6. Wo die Reise endet

»Pahn Kadira«, wo die hochherrschaftlichen »Städteplaner« und die besten Steinspezialisten residierten (1), war mit einem »Tabu« belegt. Gewöhnliche Sterbliche durften das Eiland nur mit spezieller Genehmigung betreten. Der Eingang zu der »verbotenen Stadt«, die auch »Unter dem Tabu stehend« genannt wurde, hieß »Rin«. Hier wachte der angesehene »Keus«. Dieser Titel lässt sich mit »Wer bist du?« übersetzen. Wer von diesem Hüter die Erlaubnis erhalten hatte, das künstliche Eiland zu betreten, durfte noch lange nicht in die »königliche Stadt« selbst gehen. Darauf achtete ein weiterer Wächter, »Sohn Pu Douwas«.

Riesenhaupt einer Osterinselstatue und mysteriöse Holzstatuette

Wer aber waren diese »Städteplaner«? Im Rahmen verschiedener Reisen machte ich wiederholt Station in Hawaii. So manche Stunde verbrachte ich im »Bernice P. Bishop Museum« (2). Ich bestaunte eine Original-Osterinsel-Statue im Garten des Museums, auch hölzerne Statuetten, die den Osterinsel-Riesen recht ähnlich sahen. Vor allem gewährte man mir Einblick in seltene alte Bücher. So fand ich eine höchst interessante Überlieferung in F.W. Christians »The Caroline Islands«, erschienen anno 1899 in London. Demnach wurden die steinernen Bauten von »Nanmatal« (3) von fremdartigen Wesen gebaut, lange bevor die »heutige Rasse« nach Pohnpei kam. Die »Chokalai« seien dunkelhäutig und kleinwüchsig gewesen. Christian berichtet, dass nach alter Überlieferung die »Chokalai« als »kleine Volk« oder »Zwerge« bezeichnet würden. Darf man da an die »kleinen Grauen« denken, die laut heutiger UFO-Mythologie aus dem Weltraum kamen?

Im »Villa Resort Hotel« (4) las ich spät am Abend in Ralph Lintoms »Ethnology of Polynesia and Micronesia«, 1926 in Chicago erschienen, dass die »Panopäer« eine »Tradition« kannten, wonach es einst »schwarzhäutige Zwerge« auf Ponape gegeben habe, die sehr gefürchtet waren. Noch in den 1990ern wussten besonders alte Einwohner von Ponape Legenden zu erzählen, die von »bösartigen schwarzen Zwergen« berichteten. Ob derartige Überlieferungen heute noch erzählt werden?

Die wissenschaftlichen Datierungen der Einzelnen künstlichen Inseln werden vor Ort nicht sonderlich ernst genommen. Und das mit Recht. »Nan Douwas« soll um 230 n.Chr., »Pahn Kadira« erst zwischen 900 und 1000 n.Chr. erbaut worden sein. Das erscheint unlogisch! Von Pahn Kadira aus wurden der Bau der gesamten Nan Madol-Anlage dirigiert. Folglich muss es der älteste Teil des gesamten Komplexes sein. Wie alt aber ist Nan Madol? Oder genauer: Wann wurde mit dem Bau begonnen? Niemand vermag das zu sagen.

Forscher David Hatcher Childress weist darauf hin, dass das »Smithsonian Institute« einige alte Töpferwaren von Nan Madol datierte und ein Alter von 2.000 Jahren feststellte. Damit ist aber keineswegs gesagt, dass das steinzeitliche Venedig vor zwei Jahrtausenden gegründet wurde. Wir wissen jetzt nur, dass um die Zeit Christi Menschen an jenem geheimnisvollen Ort siedelten. Unbekannt ist und bleibt das Alter von Nan Madol.

Das Personal der »VIPs«, so heißt es, hauste auf Kelepwel (5). Diese Insel – ebenso künstlich angelegt wie alle anderen – wurde auch als »Gästebezirk« benutzt. Die Herrscher schätzten offenbar Fremdlinge nicht besonders und hielten sie sich möglichst auf Distanz. Sie mussten vor jedem Besuch Waffen und Geschenke abliefern. Auch die meisten Priester lebten zurückgezogen auf einer eigenen künstlichen Insel, auf Usendau. Auch hier wurden enorme Bauleistungen vollbracht! Auf dem kleinen Eiland (Ausmaße 85 mal 70 Meter!) wurden 18.000 Kubikmeter Stein verarbeitet! Leider ist ein großer Teil der ursprünglichen Bausubstanz auf der einst so stolzen Priesterinsel zerstört worden – vor wenig mehr als einhundert Jahren. Damals siedelten sich hier die Nachfahren der Ureinwohner von Nan Madol wieder an. Die bebaubaren Flächen waren äußerst klein, da mussten scheinbar nutzlose Ruinen weichen.

Wasau hat noch viele Geheimnisse zu bieten, die sich unter mysteriösen Plattformen und künstlich aufgetürmten Hügeln verbergen. Einst wurden hier alle Nahrungsmittel, die für die Bevölkerung von Nan Madol gedacht waren, sorgsam eingelagert. Besondere Köche wählten die besten Speisen für die Oberschicht der Hohepiester und weltlichen Herrscher aus und bereiteten sie vor, bevor sie ins »Vip-Zentrum« von Pahn Kadira verschifft wurden.

Kanus waren das einzige Transportmittel, das die einzelnen Inseln miteinander verband. Auf speziellen Kanus wurden auch die Verstorbenen von Nan Madol auf die letzte Reise gebracht. Nach streng reglementiertem Zeremoniell trat jeder Tote seinen letzten Weg an. Spezialisten salbten und ölten ihn, parfümierten ihn mit Kokosnussöl. Schließlich wurde er, mit einigen persönlichen Dingen ausgestattet, in eine kunstvoll geflochtene Matte gehüllt...

Bevor er auf einer der Inseln bestattet wurde, wurde seine sterbliche Hülle nochmals auf den Kanälen des steinzeitlichen Venedigs der Südsee zu jeder Insel gefahren. Auf Kohnderek fanden dann die heiligen Totenzeremonien statt. Sakrale Tänze wurden zu Ehren des Toten aufgeführt. Er sollte gebührend von seinem irdischen Zuhause verabschiedet werden, in der Hoffnung, dass ein besseres Jenseits auf ihn warten möge.

Eine der Monstermauern von Nan Madol

Gefährdet war das irdische Leben der Bewohner von Nan Madol durch die Gewalten des Meeres. Deswegen wurde mit kaum nachvollziehbarem Aufwand ein riesiges steinernes Bollwerk geschaffen, das die Meeresfluten abhalten sollte: »Nan Mwoluhsei«, zu Deutsch: »Wo die Reise endet«. Die allem Anschein nach für die Ewigkeit gebaute Mauer ist heute noch 860 Meter lang. Sie ist erdbebensicher erstellt worden.

Immer wieder muss die wichtige Frage gestellt werden: Warum wurde Nan Madol im Südosten der Hauptinsel Temuen gebaut? Denn dieser Platz scheint alles andere als günstig gewählt zu sein. Er liegt nämlich dort, wo die Gefährdung durch das Meer am größten ist. Und wo potenzielle angreifende feindliche Truppen am schwersten abgewiesen werden konnten!

Im Nordwesten der Hauptinsel (auf der Insel Ponape selbst!) indes wären die Voraussetzungen für die Verteidigung geradezu ideal gewesen. Feindliche Flotten hätten nicht direkt attackieren können. Sie hätten vielmehr das Eiland erst einmal umschiffen müssen. Dabei wäre die Gefahr, wegen der häufig auftretenden Untiefen auf Grund zu laufen, eine beachtliche gewesen. Auf alle Fälle wären aber die so anrückenden Feinde rechtzeitig entdeckt worden. Eine Schutzmauer gegen die anstürmenden Meeresfluten wäre auch nicht nötig gewesen. Denn dann läge ja Nan Madol auf trockenem Land, ein Schutzwall hätte nicht mühsam aufgebaut werden müssen.

Noch einmal zur Transportfrage. Wie wurden die tonnenschweren Basaltsäulen vom Steinbruch herangeschafft? Das Eiland ist alles andere als eben! Da türmen sich auf engstem Raum bis zu 800 Meter hohe Berge und erloschene Vulkane. Ponape ist zerklüftet, für den gut konditionierten Kletterer eine Herausforderung, für Trupps mit gigantischen Steinriesen im Gepäck wäre sie ein einziges unüberwindbares Hindernis. Dazu kommt noch, dass seit Menschengedenken fast täglich wahre sintflutartige Regenfälle auf die Insel herniederprasseln und den Boden in eine Schlammwüste verwandeln. Wären findige Arbeitertrupps auf gewaltigen Umwegen den Bergen ausgewichen, sie wären mit ihren Lasten im Schlamm steckengeblieben. Ein Transport quer über die Hauptinsel erscheint als unwahrscheinlich, ja unmöglich.

Theoretisch bietet sich dann als Alternative zum Land der Seeweg an. Aber schon ein Blick auf die Landkarte genügt, um auch diese Antwort als unwahrscheinlich erkennen zu lassen. Die wackeren Arbeiter hätten zunächst die Basaltsäulen fällen, dann an den Strand schleppen und verladen müssen. Nehmen wir an, die Einheimischen von damals wären dazu in der Lage gewesen. Nehmen wir weiter an, sie hätten es geschafft, das Riff zu überwinden, sie wären auf die hohe See hinausgelangt. Spätestens bei der Annäherung an den Bestimmungsort Nan Madol wären sie stecken geblieben. Ist doch im weiten Umkreis um die künstlichen Inseln das Meer selbst bei Flut so seicht, dass schwer beladene Kähne, Kanus oder Flöße zwangsläufig auf Grund gelaufen wären!

Fußnoten

(1) Reisenotizen Walter-Jörg Langbein, Archiv Walter-Jörg Langbein

(2) Bereits in den 1970er Jahren korrespondierte ich mit dem »Bernice P. Bishop Museum« und erwarb Fachliteratur zum Beispiel über die Mythologie der Osterinsel.

(3) Gemeint ist natürlich Nan Madol! F.W. Christian: »The Caroline Islands/ Travel in the Sea of the Little Lands«, London 1899, S. 108

(4) Familie Bob und Patti Arthur haben das wunderbare Hotel aufgebaut, aus Altersgründen vor Jahren – leider – aufgegeben.

(5) So wurde mir vor Ort erzählt. Andere Schreibweise von Kelepwel: Kelepwei.

## 7. Das himmlische Riff

Nan Mwoluhsei, die gewaltige Wallanlage vor der Seeseite von Nan Madol heißt übersetzt »Wo die Reise endet«. Für wen? Für die Insulaner, die mit ihren Booten nach Nan Madol kamen? Vor Ort erfuhr ich eine andere Erklärung: Dort habe die Reise für die vom Himmel Kommenden geendet. Dort habe sich für die himmlischen Wesen, die einst aus den Tiefen des Alls zur Erde kamen, der »Eingang« zur Erde befunden.

Einst schützte ein riesiger Wall die Welt von Nan Madol

Deshalb lautet der älteste Name von Nan Madol »Soun Nan-leng«, zu Deutsch »das himmlische Riff«. Warum? Weil dort die Götter vom Himmel zur Erde herabstiegen und auch wieder von dort aus gen Himmel entschwanden. Nan Madol war für die Götter der Ort, wo ihre Reise endete. Wo sie zur Erde herabkamen, da war das »himmlische Riff«. Sie waren nicht von dieser Welt. Ihre eigentliche Heimat lag im Himmel.

Dabei dachte man keineswegs an überirdische Gefilde im religiösen Sinne. Man verstand darunter nicht einen transzendenten Ort, an dem die seligen Geister von Verstorbenen auf Wolken sitzend Manna verspeisen und zu lieblichen

Lautenklängen frommes Liedgut singen. In »Polynesiean Mythology« wird dieser Himmel als ein recht ungastlicher Ort beschrieben. Aus dem Munde einer Himmlischen, die zur Erde herabgekommen war, erfahren wir, dass ihr unsere Erde sehr gut gefällt. Und das im Gegensatz zum »Himmel«:

Seltsam, wie exakt diese Beschreibung des Weltalls den Erkenntnissen entspricht, wie wir Menschen des 20. Jahrhunderts sie der Raumfahrt verdanken! Auch für die Götter aus dem All war unser blauer Planet »himmlischer« als das kalte, leere All. Wenn also davon die Rede ist, dass die Götter vom »Himmel« zur Erde kamen, dann ist damit eben nicht ein über den Wolken vermutetes Paradies im Gegensatz zur harten Realität auf der Erde gedacht! Lassen wir den legendären Gott der Südsee Pourangahua zu Wort kommen. Er frohlockt geradezu über seine Ankunft auf der Erde:

»Ich komme,
und eine unbekannte Erde
liegt unter meinen Füßen.
Ich komme,
und ein neuer Himmel dreht (sich)
über mir.
Ich komme
auf diese Erde und sie ist
ein friedlicher Rastplatz für mich.
O Geist des Planeten!«

Hier spricht kein körperloses Geistwesen aus einem Himmel im fromm-religiösen Sinne, sondern ein real-körperliches Wesen, das als Astronaut von Welt zu Welt, von Planet zu Planet reist.

Kontakte zwischen den himmlischen Besuchern und den irdischen Bewohnern von Nan Madol gab es immer wieder. Sie blieben nicht immer ohne Folgen. Paul Hambruch, der deutsche Gelehrte und Archäologe, erkundete zu Beginn unseres Jahrhunderts intensiv die Geheimnisse von Nan Madol. Wissende Einheimische fassten Vertrauen zu ihm und erzählten dem Deutschen einige ihrer heiligen Überlieferungen, die er sorgsam notierte, und zwar in der Originalsprache Nan Madols in der deutschen Übersetzung. Da begegnen wir zum Beispiel dem Himmelsgott Nan Dzapue, der mit höchst »menschlichen« Absichten auf unseren Planeten kam.

»Einstmals verließ Nan Dzapue den Himmel und stieg nach Pankatera hinab; dort trieb er Ehebruch mit der Frau des Sau Telur. Sie trafen einander und badeten in einem Bach. Er beschlief sie auf der Stelle.« (1) Die Geburt seines Sohnes wartete der himmlische Vater nicht ab: »Nan Dzapue begab sich wieder in den Himmel zurück.« Sohn Iso Kalakal entwickelte sich zu einem kriegerischen Helden und begründete die erste große Herrscherdynastie von Nan Madol.

Götterstatue von Ponape

Berichte über die Frühgeschichte von Nan Madol wurden über viele Jahrhunderte hinweg mündlich weitergereicht, von Generation zu Generation. Die heiligen Legenden wurden von unzähligen Generationen als Tatsachenberichte aufgefasst und als solche den Jungen vererbt, die wiederum ehrfurchtsvoll die Texte auswendig lernten – um sie wiederum der nächsten Generation anzuvertrauen. Noch im 19. Jahrhundert gab es kaum einen Inselbewohner, der nicht firm war in den altehrwürdigen Überlieferungen. Heute sterben die Wissenden nach und nach aus. So droht ein reiches kulturelles Erbe, dessen wahres Alter niemand kennt, in Vergessenheit zu geraten.

Diesem Trend wirken zahlreiche Studenten der örtlichen Hochschule »Community College of Micronesia«, Kolonia, Pohnpei, entgegen. In mühevoller Kleinarbeit haben sie sich alte Erzählungen diktieren lassen und schriftlich festgehalten. So entstand die wertvolle Mythensammlung »Never and Always«. Diesem Standardwerk zufolge gehen die Siedlungen auf den künstlichen Inseln von Nan Madol auf zwei legendäre Brüder – Olsihpa und Olsohpa – zurück. Sie kamen von »irgendwoher« aus dem Westen. Bei ihrer Ankunft fanden die Beiden freilich bereits Bewohner vor – solche der göttlichen Art. Die Brüder, sie werden als Halbgötter bezeichnet, sollen magische Kräfte besessen haben. Ohne Schwierigkeit ließen sie die Basaltsäulen vom entfernt gelegenen Steinbruch herbeischweben. Göttliche Magie wurde demnach genutzt um die scheinbar anders nicht zu erklärenden Leistungen beim Transport unvorstellbarer Steinmengen zu bewerkstelligen.

Arthur C. Clarke schrieb, dass eine fortschrittliche Technologie der Zukunft aus heutiger Sicht von Magie kaum mehr zu unterscheiden sein wird (2). Wenn bei der Erstellung der steinernen Welt von Nan Madol tatsächlich Außerirdische »die Hand im Spiel« gehabt haben sollten, dann muss ihr Wirken für die Inselbewohner tatsächlich wie Zauberei ausgesehen haben!

Die überirdischen, göttlichen Ur-Gründer von Nan Madol lebten, so heißt es in uralten Überlieferungen, im Meer. Masao Hadley, angesehener Wächter von Nan Madol: »Bevor das Volk von Pohnpei hier ankam, da gab es schon die Stadt der Götter! Auf dem Meeresgrund! (3)« Diese Behausungen tief unter dem Meeresspiegel sollen auch heute noch zu finden sein: Direkt bei Nan Mwoluhsei, also dort, wo die Reise endet – die der Götter aus dem All? Davon sind auch heute noch die Einheimischen überzeugt. Mutige Taucher, so wird berichtet, sind in jene Gefilde vorgedrungen und haben Ruinen erblickt. Diese Überreste einer uralten Urkultur hat noch niemand zu erforschen gewagt. Ein göttlicher Fluch soll auf ihnen ruhen und jeden Menschen töten, der sich den einstigen Behausungen der himmlischen Wesen nähert.

David Hatcher Childress ließ sich auch durch noch so Furcht einflößende Schilderungen der tödlichen Auswirkungen dieses Fluchs nicht davon abhalten, zusammen mit einigen Freunden vor Ort zu tauchen. In einer Tiefe von zwischen zwanzig und fünfunddreißig Metern unter dem Meeresspiegel stießen sie immer wieder auf senkrecht stehende Monolithen. Sie traten häufig paarweise auf und waren fast immer stark mit Korallen überwuchert. Childress (4): »Einige dieser Steine tragen Gravuren, zum Beispiel Kreuze, Quadrate, Rechtecke und auf einer Seite offene Vierecke. Ähnliches habe ich in den fantastischen Ruinen in den Bergen Boliviens, bei Puma Punku, einige Meilen von Tiahuanaco entfernt, gesehen. Gab es eine Verbindung?«

Waren das die ersten Hinweise auf die Stadt der Götter? Childress und seine Kollegen stellten fest: Unweit der stehenden Säule fiel der Meeresboden noch weiter ab, vermutlich auf fünfzig bis sechzig Meter. In jene tieferen Regionen wagten sie nicht hinabzutauchen (4).

Bereits 1980 hat Dr. Arthur Saxe die unterseeische Nachbarschaft von Nan Madol tauchend erkundet. Das geschah im Auftrag der Behörde »The Trust Territory of the Pacific«. Dr. Saxe veröffentlichte in einer wissenschaftlichen Broschüre seine unter Wasser gewonnenen Erkenntnisse. So berichtet er von senkrecht stehenden Säulen, die in einer schnurgeraden Linie verlaufen, die sich wiederum in den Tiefen des Meeres verliert. Sie haben einen Durchmesser, so der Gelehrte, zwischen 70 cm und zwei Metern. Ihre Länge war nicht festzustellen, da nicht eruiert werden konnte, wie tief sie im Boden des Meeresgrundes stecken. Besonders imposant: Majestätisch ruht da eine fast sieben Meter hohe Säule auf einer flachen Plattform, die an einem unterseeischen Abhang eingearbeitet ist.

Meine Forderung: Es ist endlich an der Zeit, den Meeresboden um Nan Madol herum gründlich zu erforschen. Es genügt nicht, planlos herumzutauchen. Vielmehr muss sehr sorgsam kartografiert werden. Und es gilt, die Säulen auf dem Meeresgrund zu vermessen. Schließlich muss versucht werden, auch jene tiefer gelegenen Regionen – vielleicht mit Mini-U-Booten? – zu erfassen, in die bisher noch keine Taucher vorgedrungen sind. Wird man dann endlich die uralte Stadt der Götter, über die die Überlieferungen berichten, entdecken? Warten gar mehrere solche Götter-Metropolen in den Tiefen der Südsee? Davon sind zahlreiche Bewohner von Pohnpei überzeugt. Ein solches Unterfangen ist freilich extrem kostspielig. Auch heute fehlen, wie schon seit Jahrzehnten, die Mittel, um auch nur die wichtigsten bekannten Ruinen vor dem weiteren Verfall zu bewahren.

Literatur

Ashby, Gene (Hrsg.): »A Guide to Pohnpei/ An Island Argosy by George Ashby«, 2. revidierte Auflage, Kolonia 1993

Ashby, Gene (Hrsg.): »Micronesian Customs and Beliefs«, revised edition, Kolonia 1993

Ashby, Gene (Hrsg.): »Never and Always/ Micronesian Legends, Fables and Folklore«, 2. erweiterte Auflage, Kolonia 1989

Childress, David Hatcher: »Lost Cities of Ancient Lemuria and the Pacific«,Stelle, Ill., USA, 1988

Hambruch, Paul: »Ergebnisse der Südsee-Expedition 1908-10«, Berlin 1936

Morrill, Sibley (Herausgeber): »Ponape«, San Francisco 1970 »Polynesian Mythology«, Wellington, New Zealand, o.J.

Fußnoten

(1) Maschinegeschriebenes Manuskript, Privatsammlung, Ponape

(2) Arthur C. Clarke: »Any sufficiently advanced technology is indistinguishable from magic.«

(3) Maschinegeschriebenes Manuskript, Privatsammlung, Ponape

(4) Childress, David Hatcher: »Lost Cities of Ancient Lemuria and the Pacific«, Stelle, Ill., USA, 1988

## 8. Im Totenbunker

Die rätselhaften Bauten von Nan Madol wirken auf den Besucher märchenhaft schön. In üppigem Pflanzengrün sind oft massive Mauerbauten nur noch zu erahnen. Auch auf das besterhaltene Gemäuer breitet sich stetig die Natur aus. Palmen wachsen zwischen mächtigen Steinen. Ihre starken Wurzeln durchdringen die Fundamente von Steinmauern und drohen sie zum Einsturz zu bringen. Mangrovenbäume wachsen direkt in wuchtigen Steinmauern und sprengen Steinblöcke auseinander.

Ende des 19. Jahrhunderts – das dokumentieren Fotos – waren die mysteriösen Ruinen von Nan Madol im höchsten

Maße bedroht. Extremer Baumwuchs, das schien unausweichlich, würden das uralte Gemäuer zerstören. Fotos, die wohl in den 1890er Jahren entstanden, wirken so, als seien sie in den Kulissen eines Horrorfilms entstanden. Offensichtlich wurden im Verlauf der letzten hundert Jahre immer wieder Bäume in und um einige der Ruinen gefällt, um zumindest einige Überbleibsel der uralten Stadt zu erhalten. Es fehlt am Geld. Nur mit sehr hohem finanziellem Aufwand könnte Nan Madol, das »8. Weltwunder«, da und dort restauriert und konserviert werden.

In den frühen 1990er Jahren suchte und sammelte ich Berichte über unheimliche Begegnungen, etwa mit »Geistern«. Zahlreiche Menschen aus den USA, aber auch aus Deutschland, schickten mir ihre »Erlebnisberichte«, deren Wahrheitsgehalt ich natürlich nicht überprüfen kann. Aus dem geplanten Buch wurde allerdings nichts. Die spannendsten und ungewöhnlichsten Schilderungen habe ich archiviert. Claudia G., damals 29 teilte mir mit, sie habe in den frühen 1990er Jahren vor der Insel Ponape geschnorchelt. Sie wollte bunte Fische und Korallen bestaunen. Es kam aber ganz anders. Sie habe einen grässlichen Spuk erlebt, beteuerte sie mir. Ich zitiere ihren kurzen Bericht:

»Von der kleinen Hauptstadt Kolonia fuhr ich mit einem gemieteten Motorboot zu den Ruinen von Nan Madol. Ich machte es an einem kleinen Eiland fest und schnorchelte im flachen, warmen Wasser. Herrliche buntglänzende Fische schienen zum Greifen nahe. Plötzlich kam ich über eine tiefere Stelle. Weit unten meinte ich steinerne Särge erkennen zu können! Panik befiel mich! Plötzlich war mir eiskalt. Ich schwamm hastig an die kleine Insel. Über eine steinerne Treppe stieg ich empor. Ich ging auf einem Weg durch zwei gewaltige Mauern. Vor einem wuchtigen, gedrungenen Bau setzte ich mich auf einen Stein. Plötzlich spürte ich extreme Angst. Etwas kam von hinten auf mich zu, begleitet von eisigem Wind – und das bei 30 Grad im Schatten! Eine eiskalte Knochenhand legte sich auf meine nackte Schulter. Es stank ganz widerlich nach Verwesung! Mir blieb fast das Herz stehen! Panisch vor Angst floh ich ins Boot. Der Motor sprang sofort an. Nichts wie weg! Ich spinne nicht: Ich habe einen echten Spuk erlebt, in der Südsee!«

Atemberaubend ist auch heute noch »Nan Dowas«, ein wahrhaft gigantischer Gebäudekomplex. Oder genauer: Was von der einstigen Pracht noch übriggeblieben ist, verschlägt dem Besucher den Atem. Die äußeren Mauern haben eine Länge von neunzig Metern, wie ich vor Ort abgeschritten habe (1). Sie wurden aus wuchtigen steinernen Säulen in Blockhausbauweise aufgetürmt: drei Meter dick und neun Meter hoch ist die Mauer heute noch. Deutlich sind Beschädigungen zu erkennen. Gewaltige Steinsäulen stürzten irgendwann zu Boden. Unermessliche Kräfte müssen hier gewirkt haben. Wie hoch diese gewaltige Mauer einst wohl war? Niemand vermag das zu sagen. Ich fragte »meinen« Guide, den tüchtigen Lihp Spegal, was er von dem unheimlichen Erlebnis halte. Der junge Mann war alles andere als erstaunt. Einheimische würden nie und nimmer nachts die Ruinen aufsuchen. Warum? Aus Angst vor Begegnungen mit Spukerscheinungen.

Die Bauten aus Basaltsäulen, so Lihp Spegal, seien so von furchteinflößenden Erscheinungen geschützt. Plünderer würden nicht wagen, in den Ruinen nach Schätzen oder auch nur Tonscherben und Knochen zu suchen. Ein Fluch soll nicht nur auf der unterseeischen Heimstatt der Götter liegen, sondern auch auf den Gräbern der direkten Nachfahren der ältesten Götter. Vermeintlich »zivilisierte« Europäer, die derlei Überlieferung für Humbug hielten, wurden, davon sind viele Einheimische vor Ort überzeugt, mit dem Tode bestraft. So berichtete mir Tour-Guide Lihp Spegal, kein Geringerer als Victor Berg, »Kaiserlicher Regierungsrat« und »Stellvertretender Gouverneur« der Insel, sei ein Opfer eines Fluches geworden.

Der Komplex mit dem »Totenbunker« nach einer Vorlage aus der Zeit 1890 - 1899

Ende April 1907 gab er den Befehl, das Grab des verehrten Iso Kalakal zu suchen und zu öffnen. Bei einer Nacht- und Nebelaktion wurde tatsächlich die letzte Ruhestätte jenes frühen Herrschers gefunden. Zur Erinnerung: Iso Kalakal war von Gott Nan Dzapue höchstpersönlich gezeugt worden, der extra zu diesem Anlass vom Himmel auf die Erde herabgestiegen war. Trotz lauter Warnungen der Einheimischen wurde die Totenruhe Iso Kalakals empfindlich gestört. Sein Grab wurde geschändet, seine Gebeine wurden herausgenommen. Die Europäer machten sich lustig über den angeblich wirkungslosen Fluch. Man sei ja auch kein Grabräuber, sondern Wissenschaftler. Abfällig äußerten sie sich über die vermeintlich dummen und abergläubischen Insulaner.

Die Insulaner freilich wunderten sich über die arroganten Europäer. Der Fluch würde jeden treffen, der es wage, die

Totenruhe der Altvorderen zu stören. Betroffen seien Grabräuber wie Archäologen, der Fluch würde da nicht differenzieren. Das Lachen der »Zivilisierten« über die vermeintlich »Primitiven« verstummte allerdings bald. Schon einen Tag nach der Grabschändung erkrankte Victor Berg, der Stunden zuvor noch kerngesund war, und starb. Eine medizinische Erklärung fanden die Ärzte nicht. Die Einheimischen waren alles andere als überrascht. So ergehe es jedem, der die heiligen Orte von Nan Madol störe!

Die Anlage von Nan Dows ist allen Schäden zum Trotz immer noch sehr gut erhalten. Da und dort sind einstmals stolze Mauern eingestürzt. Tonnenschwere Basaltsäulen fielen aus luftiger Höhe und liegen heute noch, Jahrhunderte nach einer Katastrophe, zerbrochen wie ein Mikado-Spiel für Riesen, am Boden. Die Anlage war freilich noch viel komplexer als der heutige Besucher zu erkennen vermag.

In ihrem Zentrum steht ein massives »Gebäude«. Es ist fensterlos und erinnert am ehesten an einen massiven Bunker. Die Wände wie die tonnenschwere Decke bestehen aus massiven Basaltsäulen, die für Nan Madol typisch sind. Im Inneren ist es bedrückend düster und riecht muffig. Ich habe mich einige Stunden im »Totenbunker« aufgehalten. Leise war die Brandung des Meeres zu vernehmen. Der Geruch war unangenehm, stammte wohl von modrigem Brackwasser. Verwesende Leichtenteile gibt es schon lange nicht mehr. Und die steinernen Tische, auf denen die verfaulenden Toten aufgebahrt wurden, sind schon lange verschwunden. Einheimische in Kolonia meinten im Gespräch, europäische Plünderer hätten sie im 19. Jahrhundert zerlegt und abtransportiert.

Nach wie vor gibt es mündliche Überlieferungen, die freilich nach und nach in Vergessenheit geraten. So hörte ich von zwei greisen am Rande der Hauptstadt Kolonia lebenden Männern, dass Nan Madol einst eine sehr große Stadt war, viel größer als die Ruinen heute vermuten lassen. Einst, so heißt es, war Kanimweiso Teil der riesigen Gesamtanlage. Kanimweiso (2) lasse sich mit »die zu ehrende Sadt« oder »die Stadt, die man ehrt« übersetzen. In grauer Vorzeit, wann immer das gewesen sein mag, versank Kanimweiso in den Fluten des Pazifiks.

Die ehrwürdigen Toten, die zu Lebzeiten die Herrscher in Nan Madol waren, wurden nicht einfach begraben. Ihre Leichname wurden zunächst in heiligen Zeremonien, die nur der eingeweihten Priesterschaft bekannt waren, im steinernen »Bunker« von Nan Dowas aufgebahrt. Dort lagen sie dann bis zur vollständigen Skelettierung. Die Knochen wurden dann bestattet; und zwar an geheimen Orten auf der Hauptinsel Ponape, auf dem Festland also.

Hier ließ man die vornehmen Toten verfaulen

Der »Bunker«, aber auch das ausgeklügelte System von Mauern um den Bunker, wurden besonders massiv gebaut. Die wuchtigsten Steinsäulen, aber auch die größten

Steinbrocken, wurden für den Bau des sakralen Gebäudekomplexes verwendet. Bei Ausgrabungen in Nan Dowas, gegen die die Nachkommen der Erbauer massiv protestierten, fand man einige wenige Knochensplitter. Wie mir ein junger Lehrer in Kolonia bestätigte, wurden die Skelette der Toten mit Ritual-Werkzeug und strengen Vorschriften folgend pietätvoll im Bunker zerschlagen, bevor sie aufs Festland geschafft werden durften. Dort wurden sie an verschiedenen Stellen, die einige Einheimische angeblich heute noch kennen, bestattet. Warum? Der Pädagoge erklärte mir: »So wollte man verhindern, dass die Toten zurückkehren würden!« Belege für diese Erklärung fand ich nirgendwo in der Literatur.

Ende des 19. Jahrhunderts haben angeblich Forscher wie F.W. Christian (3) nicht nur die künstlichen Inseln von Nan Madol kartographiert und möglichst präzise Lagepläne von Nan Madol angefertigt. Sie sollen auch »kistenweise« Artefakte aus den Ruinen geborgen und mitgenommen haben. Die Einheimischen waren ob dieser Plünderungen entsetzt. Sie fürchteten sich vor dem Zorn der Toten. Der örtliche Führer Paul Nahnmwarki habe schließlich mit Selbstmord gedroht, falls man weiter die heiligen Stätten entweihen würde. Ob das die plündernden Europäer beeindruckt hat? Vielleicht hörten sie auf, Kostbarkeiten zu stehlen, weil es so gut wie keine Funde mehr gab?

Fußnoten

(1) Die Angaben in der Literatur variieren.

(2) Die Namen und Bezeichnungen wurden und werden oft in stark voneinander abweichenden Schreibweisen überliefert. Offenbar versuchten die ersten Besucher die ihnen völlig fremden Worte mehr oder minder lautsprachlich festzuhalten.

(3) Christian, F.W.: »The Caroline Islands/ Travel in the Sea of Little Islands«, London 1899

## 9. Warum versank das Land?

In alten Legenden, die man sich auf der Osterinsel und Ponape erzählt, gab es einst mysteriöse Monster. Wie diese amphibischen Gottheiten, die sich in der Südsee häuslich niedergelassen haben sollen, genau ausgesehen haben, darüber findet sich kaum ein Hinweis in den Mythen, die bis in unsere Tage erhalten geblieben sind. Nan Somohol gehörte zu ihnen. Er tummelte sich als aalartiges Wesen in den Gefilden von Nan Madol, war das Ebenbild eines »himmlischen Gottes«.

Die mythologischen Überlieferungen machen deutlich, warum Nan Madol dort entstand, wo es gebaut wurde. Just dort siedelten sich Götter, die aus dem Himmel kamen, an. Sie hatten in Nan Madol einen Stützpunkt. Ein rituelles Zentrum der Götterverehrung lag auf der Insel Darong. Im Zentrum befindet sich ein »heiliger Teich«. Es handelt sich dabei um einen künstlich angelegten, mit einer steinernen Einfassung versehenen See. Elf sorgsam angelegte unterirdische Kanäle stellen eine direkte Verbindung zum Meer her.

Einer dieser Tunnel ist immerhin zwei Kilometer lang. Er führt, teilweise unter dem Meeresboden verlaufend, bis jenseits des Riffs und endet unter Wasser! So war dafür Sorge getragen, dass der kleine See (Ausmaße 70 mal 56 m) niemals austrocknete. Freilich dienten die unterirdischen Kanäle nicht nur der simplen Wasserzufuhr. Vielmehr ermöglichten sie es einer der Wassergottheiten, vom Meer aus direkt ins Zentrum des Eilands zu schwimmen.

Auch die zahllosen Kanäle zwischen den monströsen Steinbauten waren keineswegs nur simple Wasserwege. In ihnen bewegten sich auch die himmlischen Götter, die sich im Wasser am wohlsten fühlten. Deshalb mussten die Kanäle immer Wasser führen, auch bei Ebbe. Um das zu gewährleisten, hatte man ein kompliziertes System von Schleusen in die Wasserstraßen eingebaut. Auf diese Weise war es möglich, den Wasserstand in den Kanälen beliebig zu regulieren. So wurde mit Bedacht verhindert, dass sie bei Ebbe oder in Trockenzeiten kein Wasser führten.

Noch heute erzählt man vor Ort eine uralte Legende. Einst habe im Bereich der künstlichen Inseln eine furchteinflößende Drachenfrau gelebt. Jenes Wesen hat angeblich mit tosendem Schnauben die zahllosen Kanäle zwischen den vielen Eilanden entstehen lassen. Selbst Archäologen sind davon überzeugt, dass die Geschichte einen wahren Kern hat. Der Mutterdrache soll in Wirklichkeit ein Krokodil gewesen sein.

Zurück zum Mythos: Der Sohn der Drachenfrau hat dann, zusammen mit einem Gehilfen und einem geheimen Zauberspruch, die Steinsäulen durch die Luft herbeifliegen lassen.

Unterirdische Tunnel, die Wasser in künstlich angelegte Seen auf ebenso künstlich erbauten Inseln fließen ließen, waren vom Komplex Nan Madol einfach nicht mehr wegzudenken. Viele von ihnen sind inzwischen eingestürzt. So mancher ist nur einfach vergessen worden, so mancher Eingang auch nur überwuchert. Andere Kanäle sind nach wie vor bekannt, zumindest wo ihre Ein- und Ausgänge auf den Inseln zu finden sind.

Immer wieder heißt es, dass aus diesen sakralen Kanalisationen verehrungswürdige Gottwesen auftauchten und Kontakt mit den Menschen aufnahmen. So war dies zum Beispiel auch auf der Insel Dau. Die himmlischen Götter aber, so heißt es immer wieder in den uralten Überlieferungen, die auch heute noch erzählt werden, kamen in fliegenden Boten zur Erde. Ein Beispiel:

»Die alte Überlieferung berichtet, dass da dereinst ein Kanu war, das vom Himmel herabsegelte. Es kam nicht vom offenen Meer her, sondern vom hohen Himmel herab. An Bord waren drei Männer. Das fliegende Schiff kam nach

Nan Madol. Es schwebte über die Insel dahin. Schließlich gelangte es in den Westen. Die Männer nahmen einen der Hohen Häuptlinge des westlichen Nan Madol an Bord. Sie flogen mit ihm weg. Niemand wusste, was sie besprachen. Aber als sie wieder zurückkamen, da wurde der Hohe Häuptling zum ersten König ernannt.«

So wenig wir sonst noch über das Aussehen dieser Wesen wissen, so sind folgende Fakten nicht zu bestreiten:

Die steinzeitliche Anlage des Venedigs der Südsee entstand an der Stelle, die nicht von den Menschen, sondern von den Göttern auserwählt worden war. Die Götter, intelligente Meereslebewesen, kamen eindeutig vom Himmel herab auf die Erde und begegneten den Menschen als amphibische Kreaturen.

Es drängen sich Fragen auf! War der Komplex von Nan Madol immer schon eine Ansammlung von rund 100 künstlich geschaffenen Inseln? Oder waren die einzelnen Inseln einst gar keine Inseln? Stieg der Meeresspiegel, so dass aus Straßen »Kanäle« wurden? Entstand das »Venedig der Südsee« erst als eine »Sintflut« den mythologischen Kontinent Mu versinken ließ?

Wirklich südseehaft ist die Osterinsel nicht. Sie entspricht ganz und gar nicht den gängigen Klischees. Sie verfügt – mit einer Ausnahme – über keinerlei Sandstrand. Ihre Küste ist über weite Strecken felsig und schroff. Auch sind Palmen auf dem Inselchen Mangelware. 3550 Kilometer Salzwasserwüste trennen es von der Küste Chiles, 4200 von Tahiti. Zu einem Weltwunder der archäologischen Art machen das Eiland gigantische Steinstatuen, wahrhaft riesenhafte Figuren, vereinzelt mehr als zwanzig Meter hoch. Der frühe Weltreisende und Forscherautor Ernst von Hesse-Wartegg war von den großen Kulturen unseres Globus fasziniert. Die Monumente, die unsere Vorfahren weltweit bereits vor Jahrtausenden errichteten, verblüfften den

Weltenbummler. Nichts aber verblüffte ihn so, wie die Kolosse auf der Osterinsel. Von Hesse-Wartegg schrieb kurz vor Ausbruch des Ersten Weltkriegs in seinem zweibändigen Werk »Die Wunder der Welt« Band 1, Stuttgart, Berlin, Leipzig o.J. S. 473 und 474, dass die schweigenden Riesen von »unbekannten Schöpfern« gemeißelt wurden und »wahrscheinlich zu den ältesten Skulpturen der Menschheit« gezählt werden müssten.

Nach den ältesten Mythen der Osterinsel gab es einst in grauer Vorzeit weit im Westen Südamerikas ein paradiesisches Eiland, »Maori Nui Nui«, zu Deutsch »Groß Maori«. König Taenen Arei regierte das Reich. Groß waren seine Sorgen. Stand doch die Existenz seines gesamten Volkes auf dem Spiel! »Maori Nui Nui« würde in den Fluten des Pazifiks versinken. Hatte sein Volk überhaupt eine Chance zu überleben?

Schließlich übernahm Taenen Areis Sohn, Hotu Matua, die Regierungsgewalt. Er war der erste König. Voller Tatendrang rüstete er Expeditionen aus. Seine tüchtigsten Seefahrer sollten eine neue Heimat für das vom Untergang bedrohte Volk finden. Doch die Kundschafter kamen immer wieder zurück, ohne in den Weiten des Meeres neues Land gefunden zu haben.

Im letzten Augenblick gab es himmlische Hilfe. Gott Make Make stieg vom Himmel herab, ergriff den Priester Hau Maka und verschleppte ihn durch die Lüfte zu einem fernen, unbekannten Eiland. Make Make erklärte dem verblüfften Priester genau, wie man von seiner alten Heimat, dem vom Untergang bedrohten Atlantis der Südsee, zur neuen Insel gelangen konnte. Make Make warnte eindringlich vor gefährlichen Felsenriffen und wies auf Vulkane hin. Er zeigte dem Geistlichen eine Kuriosität: »weiches Gestein«. Es dürfte sich um noch nicht ganz erstarrte Lava gehandelt haben.

Sind Teile der Osterinsel im Meer versunken?

Im letzten Augenblick gab es himmlische Hilfe. Gott Make Make stieg vom Himmel herab, ergriff den Priester Hau Maka und verschleppte ihn durch die Lüfte zu einem fernen, unbekannten Eiland. Make Make erklärte dem verblüfften Priester genau, wie man von seiner alten Heimat, dem vom Untergang bedrohten Atlantis der Südsee, zur neuen Insel gelangen konnte. Make Make warnte eindringlich vor gefährlichen Felsenriffen und wies auf Vulkane hin. Er zeigte dem Geistlichen eine Kuriosität: »weiches Gestein«. Es dürfte sich um noch nicht ganz erstarrte Lava gehandelt haben.

Schließlich wurde Hau Maka in die alte Heimat zurück gebracht. Sofort berichtete er seinem König von seinem Traum. Ein Traum musste der Flug mit dem Gott Make Make ja gewesen sein. Der König wählte sieben Seefahrer aus, die sofort zu einer Erkundungsfahrt aufbrachen. Tatsächlich fanden sie die neue Insel... nach dreißig Tagen strapaziöser Fahrt übers Meer. Nach weiteren vierzig Tagen waren die sieben Seefahrer wieder zu Hause. Der König befahl den Exodus. Die gesamte Bevölkerung von »Maori Nui Nui« siedelte um: vom Atlantis der Südsee auf die Osterinsel. Die neue Heimat wurde planmäßig erkundet und in Besitz genommen.

Die sieben legendären Kundschafter

Nach der mythischen Tradition der Südsee gab es einst ein großes Königreich in der Südsee. Uwoke, ein mächtiger Gott des Erdbebens berührte mit einem »Stab« das Land. Große Teile davon versanken. Übrig blieb, so wissen es die alten Überlieferungen, die Osterinsel. Weiter heißt es in Heyerdahls Aufzeichnungen, zitiert bei Krendeljow und Kondratow (2):

»Es erhoben sich Wellen, und das Land ward klein. Der Stab Uwokes zerbrach am Berg Puku-puhipuhi. Von nun an wurde es Te-Pito-o-te-Henua, der Nabel der Erde genannt.« In einer anderen Überlieferung, ebenfalls in den Aufzeichnungen Thor Heyerdahls vor dem Vergessen bewahrt, heißt es: »Kuukuu sagte zu ihm: ›Früher war diese Erde groß.‹ Der Freund Tea Waka sagte: ›Diese Gegend nennt sich Ko-te-To-monga-o-Tea-Waka.‹ Ariki Hotu Matua fragte: ›Warum versank das Land?‹ ›Uwoke machte das; er versenkte das Land‹ antwortete Tea Waka. ›Von nun an wurde das Land Te-Pito-o-te-Henua genannt.« Te-Pito-o-te-Henua bedeutet »Nabel der Welt«.

Stieg der Meeresspiegel?

Der Mythologie nach war die Osterinsel einst sehr viel größer als heute. Verantwortlich sei, so wird überliefert, Uwoke, eine Gottheit aus uralten Zeiten. Eine gewisse Erleichterung macht sich breit. Zumindest an dieser Katastrophe sind wir Dieselfahrer gänzlich unbeteiligt!

Fußnoten

(1) von Hesse-Wartegg, Ernst von: »Die Wunder der Welt« Band 1, Stuttgart, Berlin, Leipzig o.J. S. 473 und 474
(2) Krendeljow/ Kondratow: »Die Geheimnisse der Osterinsel«, 2. Auflage, Moskau und Leipzig 1990, S. 109

## 10. Besuch bei einem monströsen Wesen aus Stein

Die Kreatur wirkte gespenstisch. Auf scharfkantigen Schultern ruhte ein gewaltiger, unnatürlich langer Kopf. Trug das Wesen so etwas wie eine Maske, vielleicht sogar einen Helm? Die Augen starrten mich wie aus tiefen Höhlen durch die kleinen Öffnungen einer Maske oder eines Helms an. Nase und Mund waren kaum zu erkennen, waren nur angedeutet.

Die Augen wirkten bösartig und gemein. Der gewaltige, unnatürlich hohe Schädel hatte seltsame Beulen und Ausbuchtungen, er passte mehr in die Welt eines furchteinflößenden Horrorfilms als in ein Museum auf der mysteriösen Osterinsel. Immer wieder ließ ich den Lichtkreis meiner langsam schwächelnden Taschenlampe über dieses Wesen aus Stein wandern.

»Darf ich nicht doch ein Foto machen?« Energisch schüttelte der »Chef« der kleinen Privatpension am Rande von Hanga Roa, der »Hauptstadt« der Osterinsel, den bärtigen Kopf. Der gutmütige Polynesier wohnte schon seit Jahrzehnten auf »Para Nui«, alias »Isla de Pascua«, à la »Osterinsel«. »Vielleicht kommt das Ding ja eines Tages in unser Museum. Dann kommst du wieder und machst ein Foto!« Das war kein wirklicher Trost.

Auf den ersten Blick erinnerte das Ding an die zum Teil gewaltigen Kolosse der Osterinsel. Eines hatten die etwa 1,40 Meter kleine Statue mit den steinernen Riesen gemein: die eher schmächtigen Ärmchen lagen an den Seiten, die nur zu erahnenden Hände waren unnatürlich abgewinkelt, die Finger deuteten Richtung Nabel. Ansonsten aber gab es doch erhebliche Unterschiede. Kann man das Geschlecht der berühmten Osterinsel-Statuen nicht erkennen, so war die kleine Statue eindeutig weiblich. Deutlich auszumachen waren fast üppige Brüste.

Viel markanter aber war der lange, hohe Kopf. Die Figur maß von der Gürtellinie bis zum Hals in etwa 70 Zentimeter, genauso wie vom Halsansatz bis zu den »Haaren«. »Wir müssen wieder gehen!«, ermahnte mich »mein« Pensionschef, der zugleich auch Koch, Empfangschef, Rezeptionist und Reiseführer war. Nirgendwo sonst auf der Welt schmeckte das morgendliche Toastbrot wie bei ihm. Höchstselbst spießte er Scheibe für Scheibe mit einer Gabel auf und hielt sie dann über die Flamme seines Gasherds in der Küche der Privat-Pension. Ich war viele Tage der einzige Gast, durfte mir immer wünschen, was es mittags oder abends zu essen gab. Die vegetarischen Gerichte, die mir zubereitet wurden, schmeckten köstlich.

»Wir müssen wieder gehen...«, ermahnte mich mein Pensionschef, der langsam etwas ungeduldig wird. Meine Uhr zeigte 5 Minuten vor 1 Uhr an. Das Ende der »Geisterstunde« nahte. Entschlossen trat ich auf die steinerne Monstrosität zu. Die kleine Taschenlampe nahm ich in den Mund, hatte so beide Hände frei. Vorsichtig tastete ich die mysteriöse Skulptur ab. Die Oberfläche war glatt und feinporig, ganz anders als bei den Statuen, die einst zu Hunderten auf Sockeln standen, alle mit dem Rücken zum ewigen Pazifik.

Weite Flächen der Osterinsel sind förmlich übersät mit schwarzen Brocken: viele sind nur faustgroß, andere ähneln vom Format Fußbällen und wieder andere sind noch größer. Es handelt sich um Lavabrocken, die von Vulkanen wie Rano Kao (im Südwesten gelegen), Maunga Puakatiki (im Osten) und Maunga Terevaka (im Norden) ausgespuckt wurden. Die Osterinsel ist nicht ein kleines Stück Land mit Vulkanen. Sie ist in ihrer Gesamtheit vulkanisch. Sie verdankt ihre Existenz unterseeischen Vulkanausbrüchen in etwa dreitausend Metern Tiefe.

Vor drei Millionen Jahren durchbrach erstmals in der Region der heutigen Osterinsel glühend heiße Lava den Grund des Meeres. Gewaltige Lavamassen wurden emporgeschleudert. Ein Vulkankegel wurde aufgetürmt. Vor zwei Millionen Jahren kam es zu einem weiteren Vulkanausbruch, wieder erhob sich ein Kegel aus dem Meer. Damit endet die Vulkantätigkeit nicht. Immer wieder gebiert die Erde aus ihrem glühenden Inneren vulkanische Riesen. Und so formiert sich langsam die Osterinsel: als das Resultat von Magma-Eruptionen aus dem Erdinneren. Der Vulkanismus lässt im

Inneren der Osterinsel immer wieder Hohlräume entstehen. Nicht wenige dieser Höhlen wurden von den Insulanern entdeckt. Sie dienten als Kultstätten »im Leib von Mutter Erde«. Ob hier matriarchalisch orientierte Religionen zelebriert wurden?

Vor zweieinhalb Jahrtausenden, so gilt als gesichert, gab es zum letzten Mal vulkanische Aktivität auf der Osterinsel. Eher unansehnlich ist der kleine Puku-puhipuhi-Kegel im Osten des Eilandes. Übersetzt man diesen Namen des Vulkans, so heißt er »der Keuchende« oder »der Schnaufende«. Der Name belegt eindeutig, dass die Osterinsulaner den Vulkan noch aktiv erlebt haben müssen. Das heißt: Die Osterinsel muss schon vor mindestens 2500 Jahren besiedelt gewesen sein. Das widerspricht der gängigen Lehrmeinung. Die Gelehrtenwelt ist sich nicht einig, wann die ersten Menschen auf die Osterinsel kamen. Unterschiedliche Daten werden für die Ankunft des legendären Königs Hotu Matua genannt: 500 n. Chr., 1000 n. Chr. und 1500 n. Chr. Die letzte vulkanische Aktivität gab es aber 500 v. Chr. Und schon damals müssen Menschen auf der Osterinsel gelebt haben, die noch aktiven Vulkanismus beobachten konnten. Die Geschichte der Besiedlung des Eilands muss also wesentlich weiter in die Vergangenheit zurückreichen als angenommen.

Die Osterinsel ist eine vulkanische Insel. Deshalb ist es doch ganz normal, dass erkaltetes Vulkangestein als Material für die weltberühmten Statuen verwendet wurde. Es ist zwar nicht sonderlich hart, aber dennoch schwer zu bearbeiten. So sind die Osterinselriesen Zeugnis von hoher Steinmetzkunst. Die grässlich-monströse Statuette mit dem überlangen Kopf freilich ist ganz eindeutig nicht aus porösem Lavagestein gemeißelt worden wie die Osterinselkolosse, die aus dem Kraterrand des »Rano Raraku«-Vulkans herausgehauen wurden. Das monströse Wesen mit dem

Aussehen eines »Leatherface« wurde – wann auch immer – aus Basalt gearbeitet. Aber wann?

Im Oktober 1982 durfte ich in einem Bretterverschlag außerhalb von Hanga Roa, direkt am Pazifik, eine mysteriöse Statuette bestaunen, die so gar keine Ähnlichkeit mit den Riesenstatuen hatte. Zur Geisterstunde untersuchte ich die steinerne Kreatur so gut und gründlich ich konnte. »Das Material ist so glatt...«, stellte ich fest. »Ich habe zu Hause ein Foto von einer großen Statue, die aus dem gleichen Material gefertigt wurde...« Ein letzter Versuch, das mysteriöse Ding doch noch im Foto festhalten zu dürfen, scheiterte kläglich. Zurück ging's, es war inzwischen 1.30 Uhr zur kleinen Privatpension.

Wie versprochen zeigte mir »mein« Pensionswirt, der figurmäßig in Richtung Buddha tendierte, ein vergilbtes Schwarzweißfoto. Es zeigt eine »typische« Osterinselstatue an Bord der Fregatte »HMS Topaze«. »1868 haben die Engländer unseren steinernen Freund entführt und nach England verschleppt!« beklagte mein Gastgeber. »Er ist aus dem gleichen Material gefertigt wie die Figur in der Hütte! Aus Basalt!« Jahre später stand ich dem »gestohlenen Freund« im Foyer des »British Museum« London gegenüber. Mit einer Höhe von 2,42 m gehört er zu den kleineren Statuen, bringt aber immerhin rund vier Tonnen auf die Waage. Winzige Farbreste wurden entdeckt, so dass wir heute wissen: die Basalt-Statue war einst angemalt, und zwar in den Farben Schwarz und Weiß. Sollten alle Osterinselriesen einst bemalt gewesen sein?

Bis heute heißt die Basalt-Statue »Hoa-haka-nana-ia« im Londoner Museum in der Ur-Sprache der Osterinsulaner. Aber was heißt das? Die Osterinsulaner sind sich einig. Man könne, sagen sie, den Namen mit »Gestohlener Freund« übersetzen. Im »British Museum«, so behauptete ein Kurator im Gespräch mit mir, bedeute »Meister Wellenbrecher«. Der seltsame Name freilich sei »frei erfunden«, weil man nicht so gern daran erinnert werde, dass die wertvolle

Statue gestohlen wurde. Warum bringt man sie dann nicht in ihre Heimat zurück?

Der gestohlene Freund unterwegs nach England
Foto: Wikimedia commons/ James Miles

Bis zu zwanzig Osterinselstatuen sollen einst aus Basalt gemeißelte worden sein. Bis heute wurde aber auf der gesamten Osterinsel nur der Steinbruch der »Lava-Riesen« an den Hängen des »Hanga Roa«-Kraters gefunden, einen Basalt-Steinbruch scheint es aber auf dem Territorium der heutigen Osterinsel nicht gegeben zu haben. Woher stammte dann der Basalt für die großen Statuen aus dem harten Material?

Im Steinbruch

Immer wieder bekam ich von Osterinsulanern zu hören, es habe einst einen großen Basalt-Steinbruch gegeben. Das sei schon sehr sehr lange her. Damals sei »Isla la Pascua« noch sehr viel größer gewesen. Große Teile der Osterinsel aber seien im Meer versunken, weil der Pazifik große Gebiet des Eilands wieder verschlungen habe. Wann aber soll das geschehen sein? Wann versanken Teile der Osterinsel im Pazifik, und mit ihnen der Steinbruch für die Basalt-Statuen? Erinnern wir uns: Nach der Mythologie der Osterinsel kamen die Ur-Bewohner des Eilands von einem im Westen gelegenen Königreich, das wie ein Atlantis der Südsee im Meer versunken ist. Dank des fliegenden Gottes Make Make konnte die Bevölkerung des von einer Sintflut heimgesuchten Landes umgesiedelt werden und auf der Osterinsel weiterleben.

Gab es eine solche »Sintflut«? Es gab einen dramatischen Anstieg des Meeresspiegels, dem die Basalt-Steinbrüche zum Opfer gefallen sein könnten. Allerdings liegt dieses katastrophale, apokalyptische Ereignis rund 10.000 Jahre zurück! Sollte das heißen, dass vor mehr als 10.000 Jahren die ältesten Statuen der Osterinsel geschaffen wurden? Ein Gedanke, der recht kühn zu sein scheint. Mehrere ältere Einheimische indes versicherten mir, sich gut an die Besuche von Jacques Cousteau (*1910, †1997) erinnern zu können. Der berühmte Marineforscher habe bei seinen Tauchgängen in einiger Entfernung von der Küste der Osterinsel auf dem Meeresboden Basalt entdeckt. Cousteau habe berichtet, dass seltsame »Löcher« im Basalt offenbar künstlich, von Menschenhand geschaffen seien. Hat Cousteau einen der verschwundenen Basalt-Steinbrüche entdeckt?

## 11. Lasst die toten Riesen in den Gräbern!

Jakob Roggeveen (* 1. Februar 1659 in Middelburg; † 31. Januar 1729) war ein niederländischer Seefahrer und Forschungsreisender. Tatsächlich war Roggeveen nur der Namensgeber: Weil er die mysteriöse Insel am 5. April 1722, Ostern also, erblickte, taufte er sie »Paaschen Eiland", »Osterinsel«. Carl Friedrich Behrens freilich dürfte der erste Europäer gewesen sein, der die »Osterinsel« betreten hat! Schon bei meinem ersten Besuch der »Osterinsel« hatte ich Gelegenheit in einem spannenden Buch über die ersten Europäer auf dem Eiland zu lesen.

William J. Thomsons »Te Pito te Henua, or Easter Island« ist 1891 erschienen (1). Thomson, der als unbedingt seriöse Quelle gelten darf, zitiert einen Bericht, den man sonst in der Literatur über die Osterinsel vergeblich sucht. Und zwar zitiert er Carl Friedrich Behrens, der über Begegnungen mit Riesen berichtet (2): »Wahrheitsgemäß könnte ich wohl sagen, dass diese Wilden von mehr als gigantischer Größe sind. Die Männer sind groß und breit, im Schnitt 3,65 Meter (3) groß. So erstaunlich es auch anmuten mag, aber der größte Mann unserer Besatzung konnte zwischen den Beinen dieser Kinder Goliaths hindurchgehen, ohne auch nur den Kopf zu neigen. Die Frauen können nicht, was die Statur angeht, mit den Männern mithalten, da sie im Allgemeinen nicht größer als drei Meter sind.« Sollte es noch Ende des 19. Jahrhunderts »Riesen« auf der Osterinsel gegeben haben?

Vor langer Zeit entstand nämlich auf dem kleinen Eiland in den Weiten des Pazifiks ein seltsamer Mythos, in dem berichtet wird, wie der Fliegende Gott Make Make die erste Frau erschuf. Dieser fantastische Bericht deckt sich mit dem der Bibel, obgleich beide völlig unabhängig voneinander sind. Wie in der Bibel wird auch hier der erste Mensch betäubt, und eine Rippe wird ihm entnommen.

Noch heute erzählen die Osterinsulaner eine sonderbare Begebenheit, die sich vor langer Zeit abgespielt haben soll. Die Überlieferung legt nahe, dass es einmal Riesen auf der Osterinsel gab, dass aber diese Giganten die Ausnahme und nicht die Regel waren.

Irgendeinmal, in grauer Vorzeit sollen einige einfache Fischersleute eine Entdeckung gemacht haben: Ein menschenähnliches Wesen von kolossalem Körperbau sei dem Meer entstiegen. Es habe dann seine schwarze, glänzende Haut ausgezogen und sei in Richtung des Dorfes gegangen.

Die Fischer holten Verstärkung, griffen das fremde Wesen an und töteten es. Wenige Tage nach dem Mord am Riesen tauchte ein zweiter auf, der der Sage nach möglicherweise nach seinem Bruder suchte. Auf der Insel traf er keinen Menschen an, da alle Einwohner der Osterinsel Verstecke aufgesucht hatten. Sie fürchteten, für den Mord am Riesen bestraft zu werden.

Woher mögen die Riesen gekommen sein? Sollte es sich bei der ausziehbaren Haut um so etwas wie einen Taucheranzug gehandelt haben?

Im Alten Testament heißt es ja, dass die Riesen aus der Verbindung zwischen Göttersöhnen und Menschentöchtern hervorgingen. Haben einige dieser »Göttersöhne« versucht, dem einen oder dem anderen Riesen zu helfen? Gaben sie ihnen Taucheranzüge, um in einer Flutkatastrophe eine echte Chance zu haben? Vor rund 10.000 Jahren gab es so eine Sintflut in der Südsee.

Bei meinem ersten Besuch auf der Osterinsel musste ich feststellen, dass nur wenige Einheimische überhaupt dazu bereit waren, von den Riesen zu sprechen. Einige Male bekam ich zu hören: »Die steinernen Statuen stellen diese Riesen dar!« Die sterblichen Überreste der Riesen, so ließ gar der Ortsgeistliche vernehmen, sollen unter einer der Plattformen bestattet worden sein, auf der einst steinerne Riesen standen. Er selbst, so der christliche Gottesmann, glaube natürlich nicht an einen solchen »Unsinn«. »Und die meisten Menschen von Rapa Nui wollen heute nichts mehr von diesen Schauergeschichten wissen!« Archäologische Funde, die die alte Sage von Riesen auf der Osterinsel bestätigen könnten, sind meines Wissens in der wissenschaftlichen Literatur nicht erwähnt.

Wer freilich die wissenschaftliche Literatur über die Osterinsel gründlich liest, muss erkennen, dass sehr wenig wirklich gesichertes Wissen gibt. Fakt ist wohl, dass die ältesten Statuen der Osterinsel nicht aus dem weich-porösen Tuff, sondern aus Basalt gemeißelt wurden. Einst soll es viele Basalt-Statuen gegeben haben, sie wurden aber irgendwann »beseitigt« und »begraben«. Angeblich ruhen sie

– und das wurde mir bei verschiedenen Besuchen immer wieder erzählt – unter steinernen Podesten beerdigt, auf denen ihre »Nachfolger« aufgestellt wurden. Andere hätten die »Vorfahren« zerschlagen und als Baumaterial für die »Podeste« verwendet.

»Lasst die toten Riesen in den Gräbern!«, meinte der Geistliche. Ich glaube, er meinte das allgemeiner, im Sinne von »Lasst die Vergangenheit in Vergessenheit geraten!«

Am Sonntag nach dem Gottesdienst erzählte er mir vom »entsetzlichen Heidentum«. Er sehe eine deutliche Gefahr aufkommen. Welche? Die Rückkehr zum Glauben der »heidnischen Zeit«! Verächtlich meinte der »Gottesmann«, die »Ureinwohner« hätten einst »Sonne, Mond und Sterne« angebetet. Tatsächlich scheinen die »Ureinwohner« auf dem Gebiet der Astronomie bewandert gewesen zu sein. Wichtige Begräbnisstätten wurden offenbar nicht an zufällig gewählten Orten geschaffen. Sie markierten vielmehr wichtige »Linien«. Der legendäre König Hotua Matua soll an der Südküste der Osterinsel bestattet worden sein. Ava Rei Pua, die Schwester des Königs, fand auf der gegenüberliegenden Seite der Insel ihre letzte Ruhestätte. Verbindet man beide Gräber, so ergibt es eine astronomisch wichtige Linie, die den Morgen der Sommersonnwende und den Abend der Wintersonnwende kennzeichnet. »Für die Heiden gab es einen ewigen Kreislauf. Die Natur 'starb' und wurde wieder 'geboren'. Mag sein, dass Menschenopfer dargebracht wurden, um diesen Kreislauf in Bewegung zu halten!«

Tatsächlich wird auch in Wissenschaftskreisen darüber diskutiert, ob es Kannibalismus auf der Osterinsel gab. Warum? Gab es Stammeskriege? Wurden die Verlierer aufgegessen? Oder gab es so extreme Hungersnöte, dass die Menschen, um nicht elendig zugrunde zu gehen, Menschenfleisch vertilgten? Oder wurden ausgewählte Menschen geopfert und Teile ihrer Körper – von der Priesterschaft vielleicht – verzehrt? William J. Thomson berichtet in seinem Buch »Te Pito te Henua, or Easter Island«, dass im 19. Jahrhundert noch einige alte Osterinsulaner lebten, die von »häufigem Verzehr von Menschenfleisch« sprachen, ja die selbst in ihrer Jugend Kannibalen gewesen sein wollen. Sie beschrieben den Prozess des Kochens und der Zubereitung dieser »Speise«, »long-pig«, also »Lang-Schwein«, genannt.

Eine südlich von Hanga Roa gelegene Höhle heißt heute noch »Ana Kai Tangata«, zu Deutsch »Höhle, in der Männer gegessen wurden«. Fünfzehn Meter ragt die auch heute noch unheimlich und düster wirkende Höhle in den gewachsenen Felsen, fast fünf Meter ist sie hoch und am Eingang zum Pazifik fast zehn Meter breit. Vogel-Mensch-Wesen zieren die Wände, über ihre wahre Bedeutung kann nur spekuliert werden. Angeblich sind die meisten der Felsmalereien in der unheimlichen Höhle im Lauf der Jahrhunderte verschwunden.

Der »Vogelmann«

Vor allem die jungen Menschen, die heute auf der Osterinsel leben, erinnern sich wieder an die alten Bräuche, befragen die Ältesten nach den heiligen Gesängen und den rituellen Tänzen. Voller Stolz erlernen sie die Sprache der Ureinwohner, kleiden sich zu festlichen Anlässen nach alter Sitte und hüten ihr kostbares Erbe. Die »Heiligen Stätten« werden strenger denn je bewacht. Das ist leider auch nötig.

Denn es sind Vertreter der »zivilisierten Länder«, die im 19. Jahrhundert Elend über die Osterinsel brachten. Zu Beginn des 21. Jahrhunderts sind es wieder Menschen unserer »Kultur«, die als Touristen die Osterinsel heimsuchen und so manchen Schaden verursachen. Mancher Besucher lässt es an Respekt vor altem Kulturgut fehlen. Da werden Namen in Höhlenwände geritzt oder Statuen beschädigt.

Fußnoten

(1) Thomson, William J.: »Te Pito te Henua, or Easter Island«, Washington 1891

(2) Ebenda, S. 462. Die Originalausgabe von Thomson liegt mir leider nicht mehr vor. Übersetzung aus dem Englischen: Walter-Jörg Langbein. Siehe auch Schoch, Robert M.: »Die vergessene Zivilisation/ Die Bedeutung der Sonneneruptionen in Vergangenheit und Zukunft«, eBook-Ausgabe, Ancient Mail Verlag Werner Betz, 1. Auflage. Groß Gerau Juli 2014 (Kapitel 5 »Te Pito Te Henua«, Unterkapitel »Legenden von Riesen«.)

Schoch gibt ein Zitat von Thomson wieder. William J. Thomson schreibt im Kapitel »Personal Appearance of the Natives«: »Behrens solemnly states that a boat came off to the ship steered by a single man, a giant 12 feet high, etc. He afterwards observes, ›with truth I might say that these savages are all of more than gigantic size. The men are tall and broad in proportion, averaging 12 feet in height. Surprising as it may appear, the tallest men on board of our ship could pass between the legs of these children of Goliath without bending the head. The women cannot compare in stature with the men, as they are commonly not above 10 feet high.‹«

(3) 12 Fuß bei Thomson

(4) Thomson, William J.: »Te Pito te Henua, or Easter Island«, Washington 1891, Kapitel »Cannibalism«

## 12. Abschied von der Osterinsel

1955/56 scheiterte Thor Heyerdahl weitestgehend auf der Osterinsel. Es gelang ihm nicht, allen vollmundigen Ankündigungen zum Trotz, eine Statue mit Faustkeilen aus dem Vulkankegel am Rano Raraku heraus meißeln zu lassen. Seine tüchtigen Gehilfen mussten enttäuscht und mit wunden Händen aufgeben. Das Ergebnis des Heyerdahl-Experiments mutet kläglich an. Allenfalls die Umrisse, nur wenige Millimeter tief, konnten in das relativ weiche Vulkangestein »geritzt« werden.

Heyerdahls Experiment misslang total

Gescheitert ist Thor Heyerdahl mit seinem Versuch, archäologische Nachweise für seine Theorie, die Osterinsulaner seien von Peru aus gekommen, zu erbringen. Auch trotz zahlreicher Grabungen konnte nicht ein einziger Fund getätigt werden, der eine Verbindung Peru / Südamerika mit der Osterinsel zumindest nahelegte.

Ganz in der Nähe des Rano Raraku Vulkankegels, nur wenige Meter vom »Steinbruch« entfernt, stießen Heyerdahls Gehilfen in einiger Tiefe auf eine kuriose steinerne Figur. Sie ist eine der kleineren Statuen, ihre Höhe misst nur 3,60 Meter. Und sie unterscheidet sich vollkommen vom Standardtypus der Osterinselriesen. »Tukuturi« nannten die Einheimischen spontan die mysteriöse Figur, zu Deutsch »der Kniende«.

Die typische Osterinsel-Statue steht aufrecht. Die Arme liegen seitlich am Körper, die langen dünnen Finger deuten Richtung Nabel. Einen Unterleib haben die Riesen nicht, an der Gürtellinie ist Schluss. Die Köpfe der Kolosse wirken roboterhaft starr, aber auch blasiert und arrogant. In den Augenhöhlen lagen einst Augen aus Muschelkalk, auf den flachen Häuptern standen zylindrische Steine wie monströse Hüte.

»Tukuturi«, »der Kniende«, fällt vollkommen aus dem Rahmen. Die Figur ist komplett ausgearbeitet, von den Füßen bis zum rundlichen Kopf. Die Figur kniet, hockt auf Fersen und Unterschenkeln, die Hände ruhen auf den Oberschenkeln. Leicht angedeutete Brüste sehen manche als Hinweis auf das Geschlecht der seltsamen Statue. Nicht zu übersehen ist aber der Bart. Es dürfte sich also um einen Mann handeln, der da kauert. Nach weithin akzeptierter Lehrmeinung wurden die Osterinsel-Statuen immer größer, womöglich als Resultat eines Wettstreits zwischen verschiedenen Stämmen.

Versuchte jeder Stamm seine Konkurrenten zu übertreffen und möglichst noch größere Figuren aus dem Vulkankrater zu hauen? Oder wollte man von Generation zu Generation die »Altvorderen« mit immer größer werdenden Figuren übertrumpfen? Die größte bekannte Statue – Länge rund 20 Meter (von mir nachgemessen) – wurde nie vollendet. Sie wurde nicht komplett aus dem Vulkangestein gelöst. Niemand vermag zu sagen, warum die Arbeiten im Steinbruch offensichtlich abrupt beendet wurden.

»Der Kniende«; Zeichnung Grete C. Söcker

Dann müsste »der Kniende« mit ihrer geringen Höhe (ich habe 3,60 Meter gemessen) zu den ältesten Statuen gehören. Wieso hat man sie vergraben? Etwa weil es zu einem abrupten Stilwechsel kam, warum auch immer? Man muss sich natürlich fragen, ob »der Kniende« die einzige Statue ihrer Art ist. Sie ist die einzige, die man bis heute gefunden, sprich ausgegraben hat. Ruhen noch weitere solche vollkommen aus dem Rahmen fallenden Figuren unter dem Erdboden der Osterinsel?

Davon sind viele Osterinsulaner überzeugt. Tatsächlich sieht man da und dort auf dem Eiland Gesichter der berühmten Steinkolosse aus dem Erdboden ragen. Wie viele ganz und gar vom Erdreich bedeckt sind und so von Witterungseinflüssen verschont bleiben? Niemand weiß das. Und Eingeweihte, die von Vätern und Großvätern in Geheimnisse der Osterinsel eingeweiht worden sind, schweigen.

Ein Gesicht ragt ein Stück aus dem Erdreich. Im Hintergrund: Reste einer Plattform, auf der einst mehrere Statuen der bekannten, klassischen Art standen. Sie sind (wurden) gestürzt, liegen in Trümmern vor der verfallenden Plattform. Ganz aus dem Rahmen fällt das runde Gesicht. Es ist keines der fast normierten stoischen Gesichter der typischen Statuen. Leere Augenhöhlen starren den Besucher an. Einheimische nennen die Figur, von der nur wenig zu sehen ist, scherzhaft »Eulenmann« oder »Eule«. Warum gräbt man die Figur nicht aus?

Ein Geistlicher erzählte mir vor Ort: Über Jahrzehnte hinweg seien die Statuen für viele Einheimische nichts Besonderes gewesen. Mehrfach sei er gefragt worden, ob es überall auf der Welt diese »Dinger« gebe. Lange Zeit hatte kaum jemand Interesse, die Vergangenheit der Insel zu erforschen. Aber immer mehr, auch junge Inselbewohner, interessieren sich für die Geschichte der Insel mit den Riesenstatuen.

Die Osterinsel ist mit Lava-Schlacken übersät. Überall liegen kleine oder große unförmige, auch runde, Klumpen, die einst einer der Vulkane ausgespuckt hat. Sie schossen noch flüssig in die Höhe, schlugen verfestigt wie Bomben wieder auf. In der Regel haben sie eine raue Außenhülle mit Löchern unterschiedlicher Größe. Figuren aus Lava-Schlacke-Klumpen soll es »viele« gegeben haben. Sie entsprachen ganz und gar nicht dem weltberühmten Typus des Osterinselriesen mit starren, fast roboterhaften Gesichtsauszügen.

Vergeblich suchte ich bei meinen Aufenthalten auf »meiner Lieblingsinsel« nach einer »nur« etwa 2,40 Meter kleinen Figur aus rötlich-brauner Vulkanschlacke. Ein vergilbtes Foto stand mir kurz zur Verfügung. Eine angeblich maßstabsgetreue Zeichnung durfte ich ausgiebig in Augenschein nehmen, aber nicht publizieren. Grete C. Söcker fertigte für mich eine Zeichnung dieser Kreatur an. Auf einem formlosen »Oberkörper« oder »Leib« ohne erkennbare Gliedmaßen ruht ein wuchtiger Kopf mit dicker Knollennase und wulstigen Lippen. Gab es eine reale Vorlage für dieses in rötlich-brauner Schlacke verewigte Geschöpf? Es könnte sehr wohl findige Hollywoodgrößen zu einem menschenfressenden Monster inspirieren.

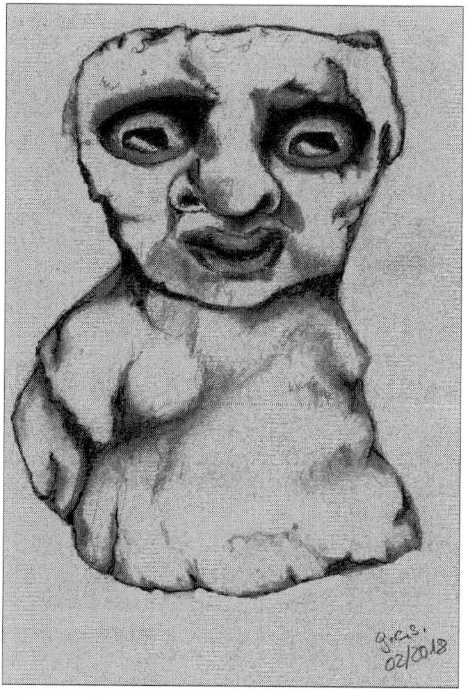


»Statue mit dicker Nase«; Zeichnung Grete C. Söcker

Das gilt auch für eine weitere Statue, die auf den ersten Blick sehr dem »typischen« Osterinselriesen ähnelt. Sie ist verglichen mit ihren steinernen »Kollegen« ausgesprochen klein, sie misst nur etwa 1,70 Meter. Anstatt von Fingern hat dieser seltsame »Osterinselzwerg« aus Basalt lange, unnatürlich abgewinkelte Krallen. Freunde von Horrorfilmen mögen an Freddy Krueger aus der langlebigen Reihe »Nightmare on Elmstreet« erinnert werden. Massenmörder Freddy trägt an seiner rechten Hand einen Handschuh mit Klingen, scharf wie Skalpelle, am Ende der Finger. Sein Osterinsel-Pendant freilich hat an beiden Händen diese scharfen spitzen Krallen.

Die Osterinsel bietet noch viele Geheimnisse und Rätsel. Immer wieder werden Meldungen durch die Medien verbreitet, wonach nun endgültig geklärt sei, wie die Riesen vom Steinbruch an die Plätze ihrer Bestimmung transportiert werden. Tatsache ist: Keiner dieser Lösungsvorschläge ist mehr als reine Spekulation. Und keine dieser Spekulationen hält einer stichhaltigen Überprüfung stand. Daran ändert auch die immer wieder in die Welt posaunte Meldung, nun sei Däniken endgültig widerlegt. »Widerlegt« werden nämlich auch in Sachen Osterinseln angebliche Behauptungen Dänikens, die sich nirgendwo in seinen Büchern finden.

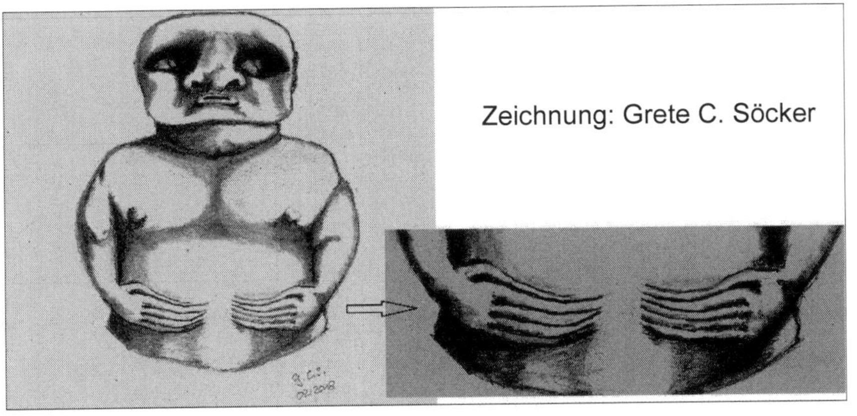

Zeichnung: Grete C. Söcker

Ungelöst sind nach wie vor viele Geheimnisse der Osterinsel. Wo wurden Riesenstatuen und Statuetten vergraben und warum? Wen oder was sollen die stoisch dreinblickenden Statuen darstellen? Wie kamen sie zu Fall? Wer oder was hat sie gestürzt? Wen stellen fratzenartige Reliefs und gnomartige Skulpturen dar, die man selbst in dickleibigen Bildbänden über die Osterinsel nicht zu sehen bekommt? Warum hat der angeschlagene, wieder aufgerichtete Moai vom »Ahu Huri a Urenga« (Größe: Fast 3,50 Meter) gleich vier Hände mit Krallenfingern wie Freddy Krueger aus der Horror-Film-Reihe »Nightmare on Elmstreet«?

Wen oder was stellt – pardon – der »Kartoffelkopf« dar, der im »Orongo-Heiligtum« verewigt wurde? Man möchte ihm nachts ebenso wenig begegnen wie seinem Kollegen »Puoko Tea Tea«, der vor Jahrhunderten als Miniatur aus Trachyt-Gestein geschaffen wurde.

Die Osterinsel ist und bleibt rätselhaft, ein winziges Fleckchen Erde, irgendwie verloren in Zeit und Raum... Ich habe im Laufe der Jahre eine erfreuliche Entwicklung auf der Osterinsel feststellen dürfen. Junge Osterinsulanerinnen und Osterinsulaner interessieren sich wieder für ihre Heimat. Kinder lernen in der Schule wieder die langsam in Vergessenheit geratende Sprache des Eilands. Sie lassen sich von den Älteren und Alten die Tänze zeigen, die schon seit Urzeiten auf dem Eiland bekannt waren. Junge Künstler studieren wieder die seltsamen Steingravuren von Fabelwesen, Vogelmenschen, Obergott Make Make, und fertigen neue Kunstwerke an, Halbreliefs und Statuetten. Und die alten Kunstwerke, die gigantischen Steinriesen, aber auch Halbreliefs und Ritzzeichnungen werden, leider ist das erforderlich, bewacht. Es ist bedauerlicherweise immer wieder vorgekommen, dass uralte Überlieferungen in Stein beschädigt wurden. Manche Menschen müssen sich anscheinend überall »verewigen«.

Ein Tourist wurde erwischt, der einem der Osterinselkolosse die Nase abgeschlagen hatte. Er wollte sie als Souvenir mit nach Hause mitnehmen. Dein anderer Tourist hatte es auf ein Ohr einer der Statuen abgesehen. Es gelang ihm, das imposante Ohr abzuschlagen, beim Aufprall auf dem Boden zerbrach es in mehrere Teile. Ein Stück wurde im Gepäck des Touristen gefunden. Der Bürgermeister der Inselgemeinde, Pedro Edmunds, ließ verlautbaren (1), der Finne sollte frei gelassen werden und müsse keine Haftstrafe antreten. Die Beschädigung der Statue, so der Bürgermeister, sei nur möglich gewesen, weil die chilenische Regierung zu wenig für den Schutz des Weltkulturerbes tue.

Übrigens: Bevor Erich von Däniken anno 1968 über die Osterinsel berichtete, interessierte sich niemand für das mysteriöse Eiland. Erich von Däniken war es, der mit »Erinnerungen an die Zukunft« weltweit die geheimnisvollen

Statuen zum Diskussionsthema machte. Auch wenn alle Jahre wieder verkündet wird, dieses oder jenes Geheimnis der Osterinsel sei gelöst worden, so wurden bislang nur, zum Teil kuriose, Spekulationen vorgetragen. Auch in Sachen Osterinsel konnte Erich von Däniken bis heute nicht widerlegt werden.

Meine Trauminsel ist und bleibt die Osterinsel! ¡'Iorana!

Fußnote

(1) Der Vorfall ereignete sich meiner Erinnerung nach im Jahr 2010.

## 13. Von Engeln und einem fliegenden Haus

Die Loreto-Kapelle von Birkenstein ist ein Ort des Glaubens, des Danks, der Hoffnung und für viele auch der Zuversicht. Immer wieder begegnet uns auf Malereien, etwa über dem Altar gegenüber der Loreto-Kapelle, die »Gottesmutter«, am Himmel über Wald und Flur, auch über Häusern schwebend. Sie erinnert deutlich an die nach Johannes benannte Offenbarung, die (1) eine »Frau im Himmel« als »Zeichen« tituliert. Auch wenn die »mit der Sonne« Bekleidete anonym bleibt, wird sie im Katholizismus mit Maria Identifiziert. Ich habe Theologen der evangelischen Theologie erlebt, die ganz kontrovers diskutierten. Unterschiedlichste Meinungen prallten aufeinander. Die einen meinten, der Vers in der Johannes-Offenbarung habe überhaupt nichts mit der Gottesmutter Maria zu tun, andere verstanden den Vers als eine Prophezeiung der künftigen Rolle Marias als »Himmelskönigin und wieder andere wollten von einer Prophezeiung überhaupt nichts wissen. Eindeutig sei es Maria mit dem Jesuskind, also ein Bild aus der Vergangenheit, nicht der Zukunft.

Vierzehnheiligen, Blick auf den Altar; Foto Ingeborg Diekmann

Wie an so manchem religiösen Ort, zum Beispiel in Vierzehnheiligen in meiner Heimat im Oberfränkischen bei Michelau, war auch für mich als Nicht-Katholiken der tief verinnerlichte Glauben der Pilger und Besucher der Kapelle geradezu körperlich spürbar. Trotz vieler Besucher war keine Hektik zu spüren, sondern tiefe Ruhe. Noch stärker war für mich der fast greifbare Volksglaube in der riesigen Kathedrale der Heiligen Jungfrau von Guadalupe, am Rand von Mexico City. Mir scheint, dass religiöser Glaube an besonders von Gläubigen frequentierten Orten etwas Spürbares erzeugt, offenbar auch für Nichtgläubige.

Die Loreto-Kapelle von Birkenstein ist eine Kopie des Heiligen Hauses von Loreto. Und das wurde der Überlieferung nach von Nazareth nach Loreto in Italien geschafft.

Bereits im 2. Jahrhundert christlicher Zeitrechnung zog das »Heilige Haus« von Nazareth Pilgerströme an. Die Gläubigen waren davon überzeugt, dass im mehr als bescheidenen Gemäuer Maria gelebt hat. Im Ein-Zimmer-Haus soll ihr auch der Engel Gabriel begegnet sein und die Geburt des Jesus-Kindes prophezeit haben. Zum Ein-Zimmer-Haus gehörte eine kleine Felsenhöhle. »Haus und Höhle bildeten eine Einheit.«, schreibt der bekannte

Erforscher der Rätsel unseres Planeten Reinhard Habeck in seinem penibel recherchierten Werk »Überirdische Rätsel« (2).

Tatsächlich war die »Santa Casa« kein eigenständiges kleines Gebäude, sondern nur eine Art Vorraum zu einer Grotte. Es bestand also nur aus drei Wänden.

Zum Schutz von »Santa Casa« und Grotte war schon sehr früh die »Verkündungsbasilika« gebaut worden, in deren Zentrum das Heilige Haus stand. Heute dominiert die größte Kirche im Nahen Osten das Bild der nordisraelischen Stadt Nazareth. Sie ist freilich schon das fünfte Gotteshaus und birgt schon lange nicht mehr das »Heilige Haus«. Anno 1291 war es konkret bedroht. Es war zu befürchten, dass es, wie andere für Christen bedeutsame Heiligtümer, von türkischen Eroberern zerstört würde.

Die Grotte von Nazareth; Foto: Reinhard Habeck©

Wer heute die Verkündigungsbasilika von Nazareth besucht, wird nur die Grotte finden, nicht mehr das »Haus« davor. Nun mag der Skeptiker fragen, ob es denn dort wirklich einst »Santa Casa« gegeben habe. Reinhard Habeck klärt auf (3): »Bereits in den 1960er-Jahren haben Ausgrabungen nachgewiesen, dass vor der Grotte tatsächlich ein gemauertes Haus existiert haben muss.« Das aber ist verschwunden, wenngleich nicht spurlos. Konnten doch die Ausgräber tatsächlich die genauen Maße der bescheidenen Bleibe eruieren. Und siehe da (4):

Das heilige Haus von Nazareth befindet sich heute in der Kirche von Loreto; Foto: Reinhard Habeck©

»Die Fundamente des fehlenden Gebäudes stimmen mit den Abmessungen der Santa Casa in Loreto überein.« Damit nicht genug! Ich darf noch einmal das empfehlenswerte Werk Habecks zitieren (5): »Das Marienhaus von Loreto entspricht in bauwerklicher Hinsicht keinem bekannten Stil, der im Mittelalter in der Marken-Region üblich war, sondern wurde nach altem palästinensischem Muster errichtet. Das bestätigt sich durch die Bearbeitung vieler Steinoberflächen. Die Anwendung stimmt mit einer speziellen Technik überein, die bei den Nabatäern, einem Nachbarvolk der Hebräer, gebräuchlich war.«

Fakt ist: In Nazareth stand einst ein Häuschen vor einer Höhle, das von dort verschwunden und in Loreto, Italien, wiederaufgetaucht ist. Es scheint erwiesen zu sein, dass »Santa Casa« von Loreto jenes Häuschen ist, das aus Nazareth spurlos verschwunden ist.

Fakt ist offensichtlich, dass die junge christliche Gemeinschaft »Santa Casa« mit Jesus in Verbindung brachte. In der Grotte von Nazareth wie in »Santa Casa« in Loreto fanden sich völlig identische Graffitis der religiösen Art, 60 an der Zahl. Da steht in der Grotte wie auf den Ziegelsteinen des »Heiligen Hauses«, heute Loreto, Italien, auf Hebräisch-Griechisch »Iesou Xriste tou Theou«, zu Deutsch »Jesus Christus. Sohn Gottes«.

Fakt ist, wie Historiker Michael Hesemann belegt, dass das Heilige Haus von Loreto wohl einst in Nazareth stand: Das »Heilige Haus« von Loreto (Italien), so schreibt der renommierte Historiker, Dokumentarfilmer und Fernsehjournalist Hesemann (6) »passt perfekt vor die Verkündigungsgrotte von Nazareth und würde den Zwischenraum zwischen den erhaltenen Mauern des judenchristlichen Heiligtums und der Felswand füllen.« Michael Hesemann (7):

»Die Santa Casa von Loreto passte also auf das Fundament in Nazareth so perfekt wie ein Ei in einen Eierbecher. Seine drei Wände, die vierte Wand ist eindeutig eine Ergänzung, Fenster und Türen erscheinen erst sinnvoll, wenn man sich das Heilige Haus als ›Vorbau‹ der Verkündigungsgrotte von Nazareth vorstellt. Doch wenn es (das Heilige Haus), worauf alles hindeutet, tatsächlich aus Nazareth stammt, wie ist es nach Loreto gekommen, auf welchem Weg hat es die exakt 2232,5 Kilometer Luftlinie zurückgelegt?« Wie kam das »Heilige Haus« von Nazareth nach Loreto? Wurde es, wie die Legende kündet, von Engeln durch die Lüfte getragen? Das Motiv findet sich auf einer Briefmarke aus Kroatien, aus dem Jahr 1994. Sehr beeindruckend ist ein Wandgemälde in einer der Kapellen der Basilika von Loreto.

Es zeigt, von Künstlern des 20. Jahrhunderts gestaltet, wie Engel das »Heilige Haus« durch die Luft schleppen. Im Hinblick auf diesen sagenhaften Engelsflug ernannte Papst Benedikt XV. die »Schwarze Madonna von Loreto« am 24. März 1920 zur »Schutzpatronin der Ballonfahrer, Flugkapitäne und Astronauten« (8).

Basilika von Loreto, das fliegende Haus; Foto: Reinhard Habeck©

Oder wurde das kleine Gebäude, Habeck (9) und Hesemann (10) gehen auf diese weniger wundersame Version ausführlich ein, Stein für Stein abgetragen und per Schiff transportiert? Ein bedeutsames Dokument aus dem Archiv des Vatikan scheint eine recht irdische Lösung nahelegen: Mitglieder der byzantinischen Kaiserfamilie der Angeloi, zu Deutsch »Engel«, haben (11) »die Überreste des Heiligen Hauses aus Nazareth vor den Türken gerettet und nach Italien gebracht«. Aber belegen wirklich Dokumente diese vernünftig klingende Erklärung?

Auf »Blatt 181 des Chartularium culisanese« findet sich, wie wir bei Michael Hesemann (12) lesen, »eine Auflistung der Mitgift, die Nikephoros Angelos, Despot von Epirus, zur Verfügung stellte, als seine Tochter Ithamar den Sohn des Königs von Neapel, Philipp II. von Tarent, heiratete.« Gleich an zweiter Stelle wird da ein besonderer Bestandteil der

Mitgift genannt, nämlich »die heiligen Steine, weggetragen aus dem Haus unserer Lieben Frau, der Jungfrau und Gottesmutter«.

Aber belegt zum Beispiel dieser Eintrag in eine zeitgenössische Mitgift-Liste tatsächlich, dass das Heilige Haus komplett per Schiff nach Loreto verbracht wurde? Eigentlich nicht, denn es wurden ja nur »heilige Steine« genannt, die »aus dem Haus unserer Lieben Frau, der Jungfrau und Gottesmutter ... weggetragen« wurden. Mit anderen Worten: Es wurden einige Steine aus dem Heiligen Haus weggebracht, nicht das ganze Haus. Einige Steine wurden aus dem Haus entfernt. Sie galten als heilig. Es ist im Dokument eben nicht vom ganzen Heiligen Haus die Rede.

So argumentiert auch Gottfried Melzer (13): »Es widerspricht in keiner Weise dem Wunder der Übertragung (des Heiligen Hauses, der Autor), dass Steine und Mauerreste, die in Nazareth nach dem Fortgang des Heiligen Hauses zurückgeblieben waren, als kostbare Reliquien angesehen und als solche weggetragen und weitergeschenkt wurden.«

Allem Anschein nach ist vom Heiligen Haus in Nazareth überhaupt nichts mehr auffindbar. Es kam aber auch nicht das komplette Haus in Loreto an. So sind zum Beispiel Steine, die einst die Feuerstelle im Heiligen Haus bildeten, spurlos verschwunden. Sollten sie zu der Mitgift gehört haben, die Nikephoros Angelos, zur Verfügung stellte? In der Loreto-Kapelle von Birkenstein wird die Feuerstelle in der Rekonstruktion angedeutet.

In Birkenstein fiel mir auf, dass das Innere der Kapelle äußerst prunkvoll gestaltet wurde. Nun ist diese Kapelle eine Kopie des »Heiligen Hauses«, das einst in Nazareth stand und, wie auch immer, nach Loreto geschafft wurde. Das kleine Häuschen von Nazareth wäre für die ersten Christen kaum wieder zu erkennen. Es ist nicht mehr die einst höchst bescheidene Bleibe der Maria, sondern wurde ebenfalls prächtig gestaltet. Für katholische Christen ist es nun einmal eine der wichtigsten Reliquien überhaupt und nicht mehr nur ein kleines Häuschen vor der Grotte in Nazareth. Deshalb gestalteten sie Loreto-Kapellen entsprechend prunkvoll, gemäß ihrer Bedeutung in ihrer Glaubenswelt.

Das Heilige Haus von Loreto von innen; Foto: Reinhard Habeck©

## Worte des Dankes

Mein Autorenkollege und Freund Reinhard Habeck schuf mit »Überirdische Rätsel/ Entdeckungsreisen zu wundersamen Orten« ein wahres Kompendium. Er reiste viel, er fotografierte viel, er recherchierte viel und trug sein Wissen zu einem »Reiseführer« der ganz besonderen Art zusammen. Ausführlich geht er auch auf das »Heilige Haus« von Loreto ein. Ich kann Reinhard Habecks Werk nur wärmstens zur Lektüre empfehlen. Es lohnt sich wirklich, sich von einem wirklich kompetenten Autor zu wundersamen, aber nicht minder realen Orten entführen zu lassen. Reinhard Habeck hat mir eine Fülle von Fotos zur Verfügung gestellt, und mir gestattet, sie in meinem Sonntagsbeitrag zu publizieren. Dafür möchte ich ihm von Herzen danken!

Auch mit Michael Hesemann bin ich seit Jahrzehnten befreundet. Michael Hesemann, der als kundiger Historiker wie kein zweiter die frühe Geschichte des Christentums aufarbeitet, geht in seinem Opus »Maria von Nazareth/ Geschichte - Archäologie - Legenden« noch ausführlicher auf das mysteriöse Loreto und seine Bedeutung für das Christentum ein. Zum Beispiel zeichnet er den Weg, den das Heilige Haus von Nazareth aus bis nach Loreto nahm, präzise nach.

Auch sein Werk empfehle ich jedem Interessierten zur gründlichen Lektüre. Biblische Überlieferung, Legenden und archäologische Funde nutzt Hesemann als Quellen. Dank intensivster Recherche gelingt es ihm, ein erstaunlich detailreiches Porträt von Jesu Mutter Maria zu zeichnen, von der man angeblich nur sehr wenig weiß.

Fußnoten

(1) Apokalypse oder Offenbarung des Johannes, Kapitel 12, Vers 1

(2) Habeck, Reinhard: »Überirdische Rätsel/ Entdeckungsreisen zu wundersamen Orten«, Wien 2016

(3) Ebenda S. 88, Zeilen 6 und 7 von unten

(4) Ebenda, Seite 88 unten, Kapitelüberschrift »Rätselhaftes in Nazareth«

(5) Ebenda, S. 89, Absatz unter dem Foto

(6) Hesemann, Michael: »Maria von Nazareth/ Geschichte, Archäologie, Legenden«, 3. Auflage, Trier 2015, S. 104 unten

(7) Ebenda, S. 108 oben

(8) Habeck, Reinhard: »Überirdische Rätsel/ Entdeckungsreisen zu wundersamen Orten«, Wien 2016, S. 91, Zeilen 9 und 10 von unten

(9) Ebenda S.90-91, Zwischenüberschrift »Überführung durch menschliche ›Engel‹«

(10) Hesemann, Michael: »Maria von Nazareth/ Geschichte, Archäologie, Legenden«, 3. Auflage, Trier 2015, S.108 Mitte bis S. 112

(11) Ebenda S. 109, Zeilen 1-4 von oben

(12) Ebenda, S. 109 unten und S. 110 oben

(13) Melzer, Gottfried: »Loreto/ Der erste und ehrwürdigste Marienwallfahrtsort«, Lauerz, Schweiz, 2. Auflage 2003, S. 26, linke Spalte unten

## 14. Das Leuchten in der Gruft

Im Nachtzug von Rom nach München kam ich vor Jahren mit einem italienischen Geistlichen ins Gespräch. Der freundliche Herr mit Rauschebart kannte sich erstaunlich gut in meiner Wahlheimat, dem Weserbergland, aus. Zunächst schwärmte er von der Kilianskirche zu Lügde. »Wenn sie bei Nacht angeleuchtet wird, dann erahnt man, dass sie Geheimnisse hat. Sie wurde auf einer Kapelle errichtet, erklärte mir der Geistliche, die ihrerseits auf einem heidnischen Quellheiligtum gebaut wurde. Noch vor wenigen Jahren habe es unter der Kilianskirche eine einst heilige Quelle gegeben. »Inzwischen ist sie versiegt!«

Ich habe die Kilianskirche mehrfach bei Nacht besucht. Sie scheint dann förmlich von innen heraus zu leuchten, zu glühen. Karl der Große soll hier Weihnachten gefeiert haben, anno 784.

An der Südseite des östlichen Jochs ist noch eine alte Bemalung zu erkennen. Eva mit Lebensbaum. Am besten sieht man Eva nebst Baum mit Schlange, wenn man sich auf den Boden legt und mit einem guten Teleobjektiv die kleine geheimnisvolle Malerei betrachtet. Eva hat eine Hand kess gegen ihre Hüfte gestemmt. Sie spricht mit der

Schlange am »Lebensbaum«. Der unbekannte Maler hat die bekannte Szene aus dem Buch Genesis in einen Sternenhimmel verlegt.

Die Kilianskirche (Lügde) bei Nacht

Das Motiv des »Lebensbaums« ist uralt. Im alten Indien wie in Mesopotamien kannte man ihn. Er verband die Unterwelt mit dem Himmel, wo die Götter lebten. Ab dem 3. Jahrtausend v.Chr. stellte man den Lebensbaum in der Region des heutigen Afghanistans auf Siegeln und Amuletten dar. Bei Ausgrabungen auf dem »Goldenen Hügel« im Norden Afghanistans wurden 1978 sechs Gräber entdeckt, die zu Jesu Lebzeiten angelegt wurden. 20.000 Schmuckstücke wurden geborgen und sorgfältig restauriert. Immer wieder kam auch das Lebensbaum-Motiv zum Vorschein. Während des Afghanistan-Krieges verschwand dieser außergewöhnliche Schatz spurlos und galt als verloren. 2004 tauchte er wohlbehalten wieder auf.

Vor vielen Jahren, so berichtete mir mein Gesprächspartner im Zug, habe er zunächst die Kilianskirche in Lügde, dann den Dom zu Paderborn besucht.

Eva, die Schlange und Sterne

»Hat man denn inzwischen den Brunnenschacht zu den unterirdischen Räumen unterhalb des mächtigen Gotteshauses gefunden?«, fragte er mich in fast fehlerfreiem Deutsch. Weitschweifig erzählte er von einem angeblichen »Brunnenschacht« aus »heidnischen Zeiten«. Der Gottesmann rezitierte eine alte Volkssage, in der von einem Brunnenschacht die Rede ist, der zu unterirdischen Räumen tief unter dem Dom führt. Nur mit Magie sei es möglich gewesen, das Wasser im Brunnen vorübergehend zum Versiegen zu bringen und über eine Treppe im Schacht hinab in die »Unterwelt« zu steigen. Eine Tür würde dann zu Räumen führen, in denen unermessliche Schätze lagerten. Vor allem, so der Priester in ernstem Ton, seien die unterirdischen Räume stets erleuchtet. Eine geheimnisvolle Lampe spende seit vielen Jahrhunderten Licht. Die Sage vom Brunnenschacht konnte ich tatsächlich verifizieren.

Der Dom zu Paderborn hat noch so manches Geheimnis

Josef Seiler (*1823; †1877) war fasziniert von alten Erzählungen und Sagen. 1848 erschien sein Werk »Volkssagen und Legenden des Landes Paderborn«. Im schmalen Sammelbändchen findet sich die mysteriöse Geschichte »Der Brunnen im Dom« fest. Da geht es um unheimliche Magie, um die menschliche Gier nach Reichtum. Von kostbaren Schätzen in Kammern unter dem Dom ist die Rede, nicht aber von dem mysteriösen Licht, das meinen Gesprächspartner so faszinierte.

Ich muss wohl zweifelnd dreingeblickt haben, was den Geistlichen etwas zu ärgern schien. »Es gibt unzählige Berichte aus vielen Jahrhunderten, aus aller Welt, in denen magische Lampen beschrieben werden, die Jahrhunderte, ja Jahrtausende Licht spenden.«

Judentum und Christentum katholischer Prägung haben eine besondere Gemeinsamkeit: Im Tempel wie in der katholischen Kirche brennt ein »ewiges Licht«. Es symbolisiert die ständige Gegenwart Gottes im Tempel wie in der katholischen Kirche. Im Katholizismus wie im Judentum beruft man sich auf zwei Verse, die angeblich vom Propheten Jesaja verfasst wurden. In der aktuellen Luther-Bibel lesen wir (1):

»Die Sonne soll nicht mehr dein Licht sein am Tage, und der Glanz des Mondes soll dir nicht mehr leuchten, sondern der Herr wird dein ewiges Licht und dein Gott wird dein Glanz sein. Deine Sonne wird nicht mehr untergehen und dein Mond nicht den Schein verlieren; denn der Herr wird dein ewiges Licht sein, und die Tage deines Leidens sollen ein Ende haben.«

Lesen wir in »Hoffnung für Alle« nach (2):

»Das Licht der Sonne wirst du nicht mehr brauchen und auch nicht das Leuchten des Mondes. Denn ich, der Herr, werde dein ewiges Licht sein, dein Gott, die Sonne, die dir scheint. Es wird nie wieder dunkel um dich werden. Denn anders als Sonne und Mond werde ich nie aufhören, dein Licht zu sein. Dann ist deine Trauerzeit vorbei.«

Das »ewige Licht« im jüdischen Tempel wie im katholischen Gotteshaus steht also für die göttliche Präsenz: des Unaussprechlichen im Judentum, von Jesus im Christentum. Umstritten ist, wann das erste »ewige Licht« entzündet wurde. In Europa, so heißt es, geschah dies erstmals im 13. Jahrhundert. In den orthodoxen Kirchen des Orients brannten »ewige Lichter« schon etwa ein Jahrtausend früher, nämlich an den Gräbern von Märtyrern.

Im Judentum war es die ewige Präsenz Jahwes, im Katholizismus die Allgegenwart Jesu, an die das »ewige Licht« erinnern sollte. Aber wer hat das »ewige Licht« erfunden? Walter Raymond Drake (*1913, †1989), Verfasser einer Vielzahl von Werken der Präastronautik, war davon überzeugt, dass es echte »ewige Lichter« schon vor Jahrtausenden gab. Mysteriöse Lampen, die – so Walter Raymond Drake – im wahrsten Sinne des Wortes ewig brannten, weil sie aus einer uns bis heute unbekannten Energiequelle schöpften. Nach Drake, den ich am Rande so mancher Konferenz der »Ancient Astronaut Society« sprechen durfte, handelte es sich dabei um ein technisches Artefakt, dass einst von Besuchern aus dem Kosmos zur Erde gebracht wurde.

Vom symbolischen »ewigen Licht« des Juden- und des Christentums zu mysteriösen Lampen, die über Jahrhunderte, vielleicht Jahrtausende Licht spenden. Einige Beispiele dieser rätselhaften Technologie begegneten mir immer wieder bei meinen Recherchen.

Auf einer meiner Studienreisen, die mich zu so manchem indischen Tempel führte, hörte ich von einem mysteriösen »ewigen Licht", das nie erlischt, obwohl es schon seit Jahrtausenden brennt. In so mancher antiken Gruft habe ein »Licht« geleuchtet, als Plünderer oder Archäologen alte Grabstätten öffneten. Immer wieder war von unerklärbaren »ewig leuchtenden Lampen« die Rede. Manchmal war angeblich nicht zu erkennen, wie das Licht erzeugt wurde, öfter war von »Jahrhunderte lang brennenden Öllampen« die Rede.

In der Stadt Jawalamukhi (3), Kangra-Distrikt, Bundesstaat Himachal Pradesh, steht »Jwala Ji«, der vielleicht älteste Tempel Indiens. Wie man mir versicherte, wird das uralte sakrale Gebäude bereits im Mahabharata-Epos erwähnt. Dort verehrt man die Göttin Jwala. Nach einem Bildnis oder einer Statue der Göttin wird man freilich vergeblich suchen. Stattdessen wird ein »ewiges Licht« verehrt, eine rätselhafte bläuliche Flamme, die seit ewigen Zeiten knisternd züngelt. »Jwala« lässt sich, so versicherte man mir, mit »Flamme« übersetzen. Angeblich haben im Laufe der Jahrhunderte Skeptiker immer wieder versucht, die heilige Flamme der Göttin zu ersticken. Vergeblich!

Dschalaludin Mohammed Akbar, Großmogul von Indien, wollte das geheimnisvolle Licht im 16. Jahrhundert mit einer Eisenplatte ersticken. Das gelang nicht. Auch seine Versuche, es mit Wasser zu löschen, schlugen fehl. Und so brennt das »ewige Licht« der Göttin Jwala auch heute noch. Wo genau? Angeblich züngeln seit ewigen Zeiten mehrere Flammen, auch in einer unterirdischen Höhle. Nach alter Mythologie wurde der Himalaya einst von Dämonen beherrscht. Die Götter beschlossen, die Dämonen zu vernichten. Sie konzentrierten ihre Kräfte und riesige Flammen schossen aus dem Boden. Setzten die Himmlischen unter der Leitung von Vishnu höchstpersönlich Waffen ein? In zahlreichen Darstellungen hält er eine »Keule« und eine »Wurfscheibe«.

Die »göttliche« Waffe, die am leichtesten zu handhaben war, war die Gattung der Wurf- oder Diskuswaffen. Dazu gehörte zum Beispiel die »Chakra«. Sie hatte einen wesentlichen Vorteil, nämlich dass sie gezielt gegen einzelne Personen eingesetzt werden konnten, ohne dass dabei, wie es bei den größeren Waffentypen der Fall war, die Menschen und Tiere in der unmittelbaren Umgebung des Einzelopfers gefährdet wurden. Man konnte die »Chakra« innerhalb von größeren Zimmern wie im freien Raum einsetzen, und das recht wirkungsvoll.

Zurück zum »ewigen Licht«, zurück zu mysteriösen »Lampen«, die seit Urzeiten leuchten sollen. Der chinesische Naturwissenschaftler Shen Kuo (* 1031; † 1095) gilt als der wichtigste Wissenschaftler seiner Zeit. Erfunden hat er einen Kompass für die Navigation und eine Lampe, die ohne Brennstoff auskam und doch immer leuchtete. Die Wunderlampe wurde dem genialen Erfinder mit in die Gruft gestellt. 250 Jahre nach seinem Tod drangen Plünderer in die Gruft ein. Die mysteriöse Lampe leuchtete immer noch. Weil sie nicht die erhofften Schätze fanden, zerstörten sie die fantastische Erfindung des Shen Kuo. Zur Strafe wurden sie lebendig begraben. Bis heute ist ungeklärt, was genau Shen Kuo erfunden hat. Wurde seine Wunderlampe mit elektrischem Strom aus einer Batterie betrieben? Was leuchtete? Eine Glühbirne?

Lukian (*120 n.Chr.; †180-200 n.Chr.) berichtete über eine »Syrische Göttin« (4). In seinem Werk schildert er, wie er im »Tempel von Hierapolis« eine Statue der Göttin Hera bestaunte. An der Stirn der Figur war demnach eine »Lampe« angebracht, die Tag und Nacht leuchtete und nie erlosch. Nachts habe sie mit ihrem Licht den ganzen Tempel erhellt.

In Athen, so berichtet Pausanias, namhafter Geograph und Historiker im 2. Jahrhundert, gab es auf der Akropolis einen weit über die Stadtgrenzen bekannten Tempel. Dreizehn Helden und Götter wurden verehrt. Anhänger verschiedener Kulte huldigten friedlich nebeneinander allen Unterschieden auf religiösem Gebiet zum Trotz ihren »Himmlischen«. Als besonders heilig galt eine Statue der Minerva-Athene, der ewig jungfräulichen Göttin der Weisheit. Angeblich war das verehrte Kultbild einst vom Himmel gekommen (6). Das Heiligtum wurde Tag und Nach von einer »goldenen Lampe« erhellt (7), die kein Geringerer als der Bildhauer und Erfinder Callimachus bereits im 4. Jahrhundert angefertigt haben soll (8).

Ich meine: Das Thema der ewig leuchtenden Lampen wird von der seriösen Wissenschaft außer Acht gelassen und selbst von den Grenzwissenschaften stiefmütterlich behandelt. Eine Zusammenfassung entsprechender Berichte aus aller Welt mit Zitaten und genauen Quellenangaben ist überfällig! Wann wurden wo leuchtende Lampen in Gruften entdeckt? Welche frühen Historiker beschrieben wo über mysteriöse Lampen in Tempeln?

Fußnoten

(1) Jesaja Kapitel 60, Verse 19 und 20, zitiert nach der »Lutherbibel 2017«

(2) Jesaja Kapitel 60, Verse 19 und 20, zitiert nach »Hoffnung für Alle«

(3) Nächster größerer Ort ist Dharamsaka, Entfernung 55 Kilometer

(4) »De Dea Syria«

(5) Seine genauen biographischen Daten sind nicht bekannt.

(6) Als Quelle benutze ich eine Übersetzung von Pausanias' Werk ins Englische, Delphi Classics 2014. Pausanias 1, 26, 6: »But the most holy symbol ... is the image of Athena... A legend concerning it says that it fell from heaven; whether this is true or not I shall not discuss.«

(7) Dopatka, Ulrich: »Die große Erich von Däniken Enzyklopädie«, Düsseldorf 1997, Seite 211, Stichwort »Lampen«.

(8) Als Quelle benutze ich eine Übersetzung von Pausanias' Werk ins Englische, Delphi Classics 2014. Pausanias 1, 26, 6: »A golden lamp for the goddess was made by Callimachus.«

## 15. War Maria Magdalena »der« Lieblingsjünger Jesu?

Das Gemälde zeigt Jesus im Kreis seiner Jünger. Jesus hat den Blick gen Himmel gerichtet, er scheint zu beten. Elf Jünger sehen wir. Sie stehen, wie Jesus, hinter einem leeren Tisch. Sechs Jünger machen wir zur Rechten Jesu aus, fünf zu seiner Linken. Entstanden ist das Gemälde um 1900. Es stammt von Eugène Burnand, einem Schweizer Maler (1). Ein Jünger fehlt also. Wenn wir im Evangelium, das nach Johannes benannt wurde, nachlesen, dann können wir die dargestellte Szene zeitlich recht genau einordnen.

Das Abendmahl von Eugène Burnand

Jesus erschreckt seine Jünger, also seine engsten Vertrauten, mit einer Botschaft, die elf von ihnen erschüttert haben muss (2): »Wahrlich, wahrlich, ich sage euch: Einer unter euch wird mich verraten.« Den Jüngern »wurde bange«, sie »sahen sich untereinander an« (3). Wen Jesus wohl meinte? Der namentlich nicht genannte »Lieblingsjünger« wird von Petrus beauftragt zu fragen, wer denn der Verräter sei (4): »Da lehnte der sich (5) an die Brust Jesu und fragte ihn: Herr, wer ist's?«

Jesus freilich nennt keinen Namen (6): »Der ist's, dem ich den Bissen eintauche und gebe. Und er nahm den Bissen, tauchte ihn ein und gab ihn Judas, dem Sohn des Simon Iskariot.« Somit ist klar: Judas ist der Verräter. Jesus treibt Judas zur Eile an (7): »Was du tust, das tue bald!« Und

Judas verlässt die kleine Gesellschaft (8): »Als er nun den Bissen genommen hatte, ging er alsbald hinaus. Und es war Nacht.«

Das Gemälde zeigt also Jesus und nur elf Jünger. Judas ist gerade gegangen. Noch ist ein Ersatzjünger nicht gewählt. Der Jünger, den Jesus besonders liebhatte, wird nicht namentlich genannt. Er soll besonders jung gewesen sein. Im Gemälde sehen wir zwei besonders jung wirkende, sprich bartlose Jünger. Der eine steht, vom Betrachter aus, ganz rechts außen im Bild, den anderen sehen wir als zweiten von links außen im Bild. An seinem Kinn: so etwas wie ein Fleck. Ist es eine Beschädigung des Bildes? Oder wollte der Maler dem jugendlichen Jünger noch einen Bart verpassen?

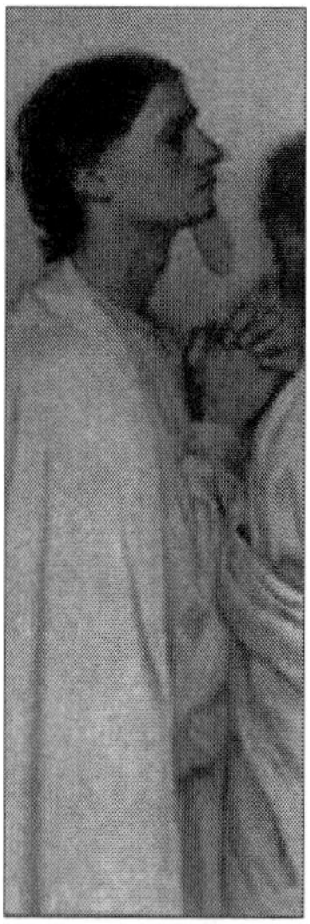

Ausschnitt:
Die beiden Jünger ohne Bart

Ausschnitt: Die weinende „Jüngerin“

Betrachten wir das Bild genauer, dann fällt uns eine dritte bartlose Person auf. Sie steht zur Linken Jesu, unmittelbar neben Jesus, etwas nach hinten versetzt. Diese Person bedeckt ihr Gesicht mit einer Hand. Wenn wir unvoreingenommen sind, müssen wir zugeben: Da steht eine Frau, die weinend ihr Gesicht mit einer Hand bedeckt. Meine Vermutung: Es ist Maria Magdalena. Das wirft ein Problem auf: Wenn wir die Person neben Jesus als Maria Magdalena identifizieren, dann fehlt auf dem Bild nicht ein männlicher Jünger, nämlich Judas. Dann sind nur neun männliche Jünger zu sehen und eine Frau.

Eine »ketzerische« Lösung des Problems: Maria Magdalena war Jüngerin und gehörte zu den zwölf engsten Vertrauten Jesu. Der vermeintliche Lieblingsjünger war nicht Johannes, sondern eine Frau, nämlich Maria Magdalena!

Im Dezember des Jahres 1945 waren einige ägyptische Bauern etwa elf Kilometer nordöstlich von Nag Hammadi am Fuß des »Jabal al Tarif«-Felshangs unterwegs. Sie suchten Dünger für ihre Felder. Zufällig stießen sie auf einen geheimnisvollen Fund: unter einem Felsbrocken kam ein etwa ein Meter hoher Krug aus rötlichem Ton zum Vorschein. Was mochte er enthalten? Vielleicht einen kostbaren Schatz? Oder einen bösen Geist? Die Hoffnung auf Gold war größer als die Angst vor möglichen Gefahren, also zerschlug man den Krug. Die Enttäuschung war mehr als groß, als nur dreizehn in Leder gebundene Kodizes zum Vorschein kamen. Glücklichen Zufällen ist es zu verdanken, dass zwölf der antiken Kodizes erhalten blieben. Leider wurde »Kodex XII« zum Großteil als Schürmaterial verwendet.

Zunächst wurden die kostbaren Dokumente unter mehreren Bauern verteilt. Weil man sie aber für wertlos hielt, bekam sie Muhammed Ali. Der vertraute sie Abd al Masih, einem koptischen Priester, an. Dessen Schwager Raghib Andrawus zeigte sie in Kairo dem Arzt George Sobhi, der sich sofort an das »Amt für Altertümer« wandte. Eine »Aufwandentschädigung« in Höhe von 300 Pfund wurde gezahlt, die alten Texte wurden zu Besitz des ägyptischen Staates.

Im »Koptischen Museum« von Kairo fanden sie am 4. Oktober 1946 ein sicheres »Zuhause«.

Mancher Theologe hat sich inzwischen wohl gewünscht, die Kodizes wären gar nicht gefunden worden. Denn als die Texte aus dem Koptischen übersetzt wurden, stieß man auf einige unliebsame Informationen aus dem Leben Jesu.

Im »Philippus-Evangelium« heißt es, zitiert nach seriöser Quelle (9): »Die Sophia ... ist die Mutter der Engel und die Gefährtin des Soter (Heilands / Erlösers). Der Soter liebte Maria Magdalena mehr als alle Jünger und er küsste sie oftmals auf ihren Mund. Die übrigen Jünger gingen zu ihnen, um Forderungen zu stellen. Sie sagten zu ihm: ‚Weswegen liebst du sie mehr als uns alle?'«

Weltbekannt wurden diese Zeilen durch Dan Brown, der sie in seinem Weltbestseller »Sakrileg« zitierte. Da es an der Echtheit des Textes keinen Zweifel geben konnte, spielte man seine Bedeutung herunter. Derlei Aussagen seien für eine seriöse Jesusforschung belanglos, weil sie erst Jahrhunderte nach den Ereignissen im »Heiligen Land« formuliert worden seien. Typisch für die Ablehnung der unbequemen Textstelle durch Brown-Kritiker ist das bayerische »Sonntagsblatt« (10). Demnach stammt das »Philippus-Evangelium« angeblich »aus dem vierten Jahrhundert«. Als zeitnahes Dokument könnte man es dann wirklich nicht mehr bezeichnen.

Wer es auch verfasst haben mag, ein Zeitzeuge kann es im vierten Jahrhundert nicht gewesen sein. In Wirklichkeit ist das »Philippus-Evangelium« wesentlich älter. Wilhelm Schneemelcher: »Isenbergs Datierung auf die zweite Hälfte des dritten Jahrhunderts dürfte doch um ein knappes Jahrhundert zu spät liegen. Die ältere und vielgeäußerte Ansicht, die das Philippus-Evangelium noch im zweiten Jahrhundert abgefasst sein lässt, dürfte erheblich wahrscheinlicher sein.«

Wenn man den erotischen Aspekt der kurzen Passage einmal unberücksichtigt lässt, ergibt sich eine ganz konkrete Aussage: » Der Soter (der Messias) liebte Maria Magdalena mehr als alle Jünger.« Das »Philippus-Evangelium« benennt eindeutig und klar, was das »Evangelium nach Johannes« nur andeutet oder umschreibt: der anonyme »Jünger, den Jesus liebte«, bekommt einen Namen: Es ist Maria Magdalena!

Jesu Lieblingsjünger war also kein Mann, sondern eine Frau. Diese klare Aussage ist wirklich höchst explosiv: Am Ende des »Evangeliums nach Johannes« heißt es, der Lieblingsjünger Jesu habe das vierte Evangelium verfasst. Zieht man das Philippus-Evangelium hinzu, dann wird aus dem anonymen Verfasser nicht Johannes, sondern eine Frau, nämlich Maria Magdalena.

Maria Magdalena als engste Vertraute, als Jüngerin, die Jesu allen anderen vorzog – ein auch heute noch ketzerischer Gedanke? In der sakralen Malerei von Eugène Burnand bis Philippe de Champaigne finden sich immer wieder recht feminine Jünger an der Seite Jesu. Der Maler Philippe de Champaigne (* 1602 in Brüssel; †1674 in Paris), Vertreter des französischen Barock, setzte in seinem Bildnis vom Abendmahl auch eine »Jüngerin« neben Jesus. Es lohnt sich, mit offenen Augen und unvoreingenommen Kapellen und Kirchen zu besuchen. Man entdeckt immer wieder Mysteriöses.

Literaturempfehlung

Im Kapitel »War Maria Magdalena der Lieblingsjünger Jesu?« konnte ich das spannende Thema nur anreißen. Viele Jahre habe ich mich mit provokanten Thesen über Jesus und Maria Magdalena beschäftigt und einige Bücher dazu geschrieben. Wer sich näher mit meinen Gedanken auseinandersetzen möchte, dem empfehle ich meine Werke »Maria Magdalena / Die Wahrheit über die Geliebte Jesu«,

»Als Eva noch eine Göttin war« und »Das Sakrileg und die Heiligen Frauen«.

Fußnoten

(1) Burnand (* 30. August 1850 in Moudon; † 4. Februar 1921 in Paris) studierte 1868–1871 Architektur in Zürich, dann Malerei in Genf und Paris und 1876–1877 in Rom. Von ihm stammt eine Darstellung der Bergpredigt auf den Chorfenstern der reformierten Kirche von Herzogenbuchsee. Herzogenbuchsee (berndeutsch Herzogebuchsi, von den Einheimischen Buchsi genannt) ist eine politische Gemeinde im Verwaltungskreis Oberaargau des Kantons Bern in der Schweiz. Zum 1. Januar 2008 wurde die Fusion mit der Gemeinde Oberönz vollzogen. Die neue Gemeinde trägt weiterhin den Namen Herzogenbuchsee. Zwischen 1907 und 1912 wurden mehrere seiner Zeichnungen für die Banknoten der Schweizerischen Nationalbank verwendet.

Das Abendmahl-Gemälde von Burnand erschien zusammen mit weiteren Werken des Künstlers in »Zehn farbige Kunstblätter«, Verlag für Volkskunst, Stuttgart 1900.

(2) Evangelium nach Johannes Kapitel 13, Vers 21

(3) Ebenda, Vers 22

(4) Ebenda, Verse 23 und 24

(5) Also der »Lieblingsjünger«

(6) Evangelium nach Johannes Kapitel 13, Vers 26

(7) Ebenda, Vers 27

(8) Ebenda, Vers 30

(9) Schneemelcher, Wilhelm: »Neutestamentliche Apokryphen«, Band I, Tübingen 1990, S.161

(10) Ausgabe vom 2.4.2006

## 16. Göttinnen – eingemauert und vergraben

Drei Göttinnen werden in den Stein gemeißelt. Die weibliche Dreifaltigkeit steht im Zentrum eines heidnischen Kults, der in einem Tempel zelebriert wird. Römische Truppen marschieren ein und übernehmen das uralte religiöse Zentrum. Sie bauen die Kultstätte um, erweitern sie und verehren die drei heidnischen Götter weiter. Die Römer werden schließlich von frühen Christen abgelöst. Aus den Steinen des römischen Tempels, dessen Vorgängerbau ursprünglich Heiden als Ort der Verehrung diente, errichten sie eine kleine christliche Kapelle. Das steinerne Bildnis der heidnischen Dreifaltigkeit bleibt erhalten. Als die christliche Kapelle baufällig wird, entsteht eine »neue« Kapelle. Die steinerne weibliche Trinität genießt nach wie vor Respekt. Man wagt nicht, sie zu zerstören. Die Christen bauen sie in ihre Kapelle ein. Besser gesagt: Sie verstecken sie im Mauerwerk. In einem opulenten Kostümfilm könnte so ein weiter Bogen zwischen uraltem Heidentum und christlicher Gegenwart gespannt werden.

Die mysteriöse Kapelle hat es einst wirklich gegeben. Sie gehörte zur Gemeinde Inden im Kreis Düren, Nordrhein-Westfalen. Doch die »St.-Helena-Kapelle« existiert nur noch auf Fotos. Das altehrwürde kleine Gotteshaus wurde im Jahre 2010 abgebrochen. Es musste dem »Braunkohlen-Tagebau Inden« weichen.

Die »St. Helena-Kapelle« wurde urkundlich erstmals schon 1318 erwähnt. Und sie hatte ein Geheimnis, das sehr zum Ärger der Geistlichkeit nicht in Vergessenheit geriet. In das Mauerwerk der Kapelle hatte man einen gallo-römischen Weihealtar eingemauert, und zwar so, dass man ihn nicht mehr erkennen konnte. Man hat ihn mit der Rückseite nach außen ins Mauerwerk eingesetzt. Eingeweihte freilich wussten genau, wo der heidnische Altar steckte.

Diesen Eingeweihten war auch bereits 1995 bekannt, dass ein Abbruch der Kapelle bevorstand. Sie befürchteten, dass der »Matronenstein« dabei zerstört werden und spurlos verschwinden würde. Sie versuchten auf »offiziellem« Wege den alten »Heidenstein« zu retten. Ihre Eingaben wurden offenbar nicht beachtet. Niemandem schien daran gelegen zu sein, das uralte sakrale Kunstwerk zu retten. In einer »Nacht und Nebelaktion« brachen schließlich Unbekannte das uralte steinerne Bildnis der drei Matronen-Göttinnen aus der Kapellen-Mauer, deponierten es sorgsam auf Stroh und informierten das »Rheinische Amt für Bodendenkmalpflege«. Der einst heilige Stein der drei Muttergöttinnen wanderte in ein Depot in Nideggen-Wollersheim.

Die steinerne »St.-Helena-Kapelle« hatte einen Vorgängerbau, ein bescheidenes kleines Fachwerkgebäude. »Die ursprüngliche Kapelle blieb als nördliches Seitenschiff bestehen.«, schreibt die sachkundige Sophie Lange in ihrem wichtigen Büchlein »Wo Göttinnen des Land beschützen / Matronen und ihre Kultplätze zwischen Eifel und Rhein« (1).

Und die Erbauer der ursprünglichen Kapelle, so weiß Jakob Gerhards zu berichten (2), griffen auf noch älteres »Baumaterial« zurück: »Außen wie innen enthält ihr Mauerwerk römische Votivsteine, die der Verehrung der göttlichen Mütter dienten.« Und die Römer hatten bei ihrem Bau auf ein noch älteres Heiligtum zurückgegriffen. Sophie Lange (3): »In Lövenich erzählt die Volksüberlieferung, dass die ost-west-ausgerichtete Kirche ursprünglich ein Heidentempel war. Die ‚heidnische Cultusstätte' sei bei der Christianisierung in ein christliches Gotteshaus umgewandelt worden.«

Welche Gottheiten mögen ursprünglich verehrt worden sein? Wie lauteten ihre Namen? Im dritten Jahrhundert wurden sie zu einer römischen Göttin, mit einiger Wahrscheinlichkeit zur »Jungfrau Agnes«. Fakt ist: In der Region zwischen Eifel und Rhein wurden drei Matronen verehrt, Überbleibsel aus heidnischen Zeiten, als man weibliche Trinitäten anbetete, und die sind im christlichen Gewand bis heute als die »heiligen drei Bethen« bekannt. Interessant ist, dass so ein »Matronenstein« noch Ende des 20. Jahrhunderts aus einer Kapellenmauer herausgebrochen wurde.

Ein Matronenstein wurde in die »St.-Helena-Kapelle« eingemauert. Ein weiterer Matronenstein wurde unter dem Bonner Münster vergraben, zusammen mit 50 weiteren Weihesteinen (4).

Wie viele Darstellungen von uralten weiblichen Göttinnen-Triaden mögen in dicken Kirchenmauern eingemauert worden sein? Wie viele wurden wohl unter christlichen Sakralbauten vergraben? Es muss einst zigtausende von Altarsteinen mit den drei Muttergöttinnen gegeben haben. Es wurde erst ein Bruchteil wiedergefunden (5).

Eine typische Matrone stammt aus Marnheim (Ortsgemeinde im Donnersbergkreis, Verbandsgemeinde Kirchheimbolanden, Rheinland-Pfalz). Sie hat ein besonders typisches Merkmal, das die Matronen-Muttergottheiten ausmacht: einen unnatürlich großen Kopf. Und just so ein Haupt hat auch die steinerne Staue, die an der Rückseite des Münsters von Hameln angebracht ist. Die Statuette weist deutliche, starke Spuren der Verwitterung auf. Seit vielen Jahren versuche ich in Hameln Näheres über diese seltsame Figur herauszufinden, bislang vergeblich.

Kurz und bündig erklärt »wikipedia« (6): »Matronen, Matronae (von lateinisch matrona ‚Familienmutter, vornehme Dame'), Matres (auch Deae Matres) oder Matrae (von lateinisch mater ‚Mutter') sind nur in der Mehrzahl, überwiegend in Dreizahl auftretende Muttergottheiten der römischen, germanischen und keltischen Religion. Sie sind einzig durch Inschriften und bildliche Darstellungen bekannt. … Dargestellt werden sie in Form einer sitzenden Dreiergruppe auf

Votivsteinen und Altären vor allem in den Nordwest- und Nordost-Provinzen des Römischen Reiches sowie in Gallien, Nordspanien und Norditalien.«

Haupt einer „Matrone“

Es ist scheinbar ein Paradox: Einerseits wurde eine Vielzahl von Steinen mi Abbildungen der »Heiligen Matronen« gefunden. Andererseits aber beschreibt kein einziger römischer Historiker aus der Glanzzeit der Matronen diese verehrten Frauen. Ein intensives Studium der Weihesteine mit Matronen-Darstellungen verdeutlicht, dass es in erster Linie einfache Soldaten, vereinzelt auch Offiziere niederen Rangs waren, die den Muttergöttinnen huldigten. Offensichtlich waren es die »einfachen Leute«, die vom Kult der drei Matronen besonders angesprochen wurden. Somit waren sie für das junge Christentum eine ernste Konkurrenz. Wurden deshalb schon recht früh Kultorte der »drei Matronen« übernommen? Wurden deshalb die Tempel der drei heiligen Frauen durch Kapellen und Kirchen ersetz

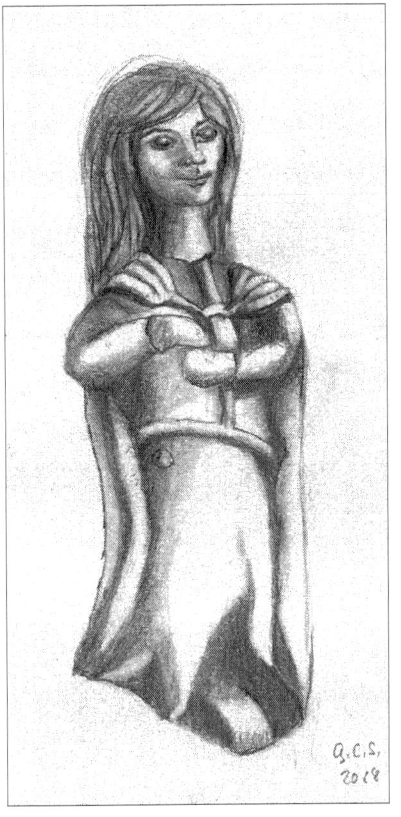

Versuche einer zeichnerischen Rekonstruktion; © Grete C. Söcker

Wo mögen heute noch Matronen zu finden sein? Wie viele mögen an Kirchenmauern – wie in Hameln – angebracht worden sein? Wie viele mögen in der Öffentlichkeit unzugänglichen Krypten verstauben? Wie viele dieser altehrwürdigen Göttinnen hat man in Kirchenwänden eingemauert, wie viele unter Kapellen und Kirchen begraben?

Fußnoten

(1) Lange, Sophie: »Wo Göttinnen des Land beschützen/ Matronen und ihre Kultplätze zwischen Eifel und Rhein«, 1. Auflage, Sonsbeck 1994, Seite 104

(2) Gerhards, Jakob: Zur »Matronenverehrung im Kreis Düren«, erschienen in dem »Kölner Jahrbuch für Vor- und Frühgeschichte«, Band14, 1974, S.101–110.

(3) Lange, Sophie: »Wo Göttinnen des Land beschützen/ Matronen und ihre Kultplätze zwischen Eifel und Rhein«, 1. Auflage, Sonsbeck 1994, Seite 104

(4) Derungs, Kurt und Früh, Sigrid: »Der Kult der drei Heiligen Frauen/ Mythen, Märchen und Orte der Heilkraft«, 3. Auflage, Grenchen 2014, S. 21

(5) Siehe auch Philippson, Ernst Alfred: »Der germanische Mütter- und Matronenkult am Niederrhein«, erschienen in »Germanic Review«, Band19, 1944, S.81–142.

(6) Wikipedia-Stichwort »Matronen«, Stand Ostern 2018

## 17. Hängt eine heidnische Göttin am Münster zu Hameln?

Bei meinem ersten Besuch des Hamelner »Münster St. Bonifatius« versuchte ich, das altehrwürdige Gotteshaus zu umrunden. Das gelang mir auch weitestgehend, heckenartiger Baumbewuchs an einer Stelle zum Trotz. Hoch, ja ehrfurchtgebietend ragt das Mauerwerk in den Himmel. Massiv ist die Bauweise, so dass das Münster wacker den Jahrhunderten trotzen konnte. Es wirkt im Vergleich zu modernen Bauten zeitlos. An der Rückseite hängt, von fast allen Besuchern übersehen, eine arg vom Zahn der Zeit angeknabberte Statuette. Oder wurde sie gar willkürlich von frommen Bilderstürmern beschädigt?

Ich machte zahlreiche Aufnahmen, auch von der Rückseite der alten Kirche. Das Kriegerdenkmal zur Erinnerung an die Toten von beiden Weltkriegen fiel mir natürlich auf. Groß genug ist es ja. Schön ist es nicht unbedingt: Aber das ist eine Frage des persönlichen Geschmacks. Und über Geschmack, so sagt das alte lateinische Sprichwort, soll man nicht streiten. Im Lateinischen heißt es: »De gustibus non est disputandum.« Übersetzt ins Deutsche: »Über Geschmäcker soll man nicht disputieren.« (1) Mit anderen Worten: Es gibt nicht den »richtigen« oder den »falschen« Geschmack. Ich persönlich empfinde das »Kriegerdenkmal« am Hamelner Münster als unpassend zum altehrwürdigen sakralen Gebäude.

Rückseite: Kriegerdenkmal, mysteriöse Figur

Übersehen habe ich allerdings eine mysteriöse Steinskulptur an der Außenwand des Münsters zu Hameln, die allerdings durch die beiden »Zähne« des Denkmals abgedeckt wird, so man direkt davorsteht. Ich gebe es zu: Hastigen Schritts eilte ich weiter, ich wollte doch genügend Zeit für die Säulenkapitelle mit geheimnisvollen Darstellungen im Inneren haben.

Betrachtet man die stark verwitterte Figur an der Außenwand näher, etwa mit Hilfe eines starken Teleobjektivs, so fällt der unverhältnismäßig große Kopf der Gestalt auf. Ich machte eine Reihe von Aufnahmen, zuletzt mit meiner Nikon D800E unter Verwendung eines 300-Millimeter-Teleobjektivs. Je nachdem aus welchem Blickwinkel man die seltsame Statuette betrachtet, werden die Beschädigungen mehr oder weniger erkennbar.

Wie zwei riesige Zähne oder Rippen ragt das Kriegerdenkmal empor und verdeckt, wenn man direkt davorsteht, die mysteriöse Statuette an der Außenwand.

Mysteriöse Figur

Mehrere Jahre habe ich recherchiert. Ich habe Fachliteratur studiert. Nirgendwo findet sich ein Hinweis auf die seltsame Figur, von einer Erklärung ganz zu schweigen. Schon 2014 wandte ich mich an Pastorin Friederike Grote, die meine Anfrage an Herrn B. G. weiterleitete, der in Fragen zum Hamelner Münster sehr bewandert ist. Herrn Gs Antwort fiel für mich, offen gesagt, ernüchternd aus (2): »Ich denke, dass der sehr starke Verwitterungsgrad der Figur eine sichere Deutung nicht mehr zulässt. Joachim Schween (3), den ich auch zu Rate gezogen habe, ist derselben Meinung. Er hält eine Mariendarstellung für möglich. Maria Magdalena, die reuige Sünderin, ist nicht auszuschließen. Zu ihr passen die offen getragenen Haare. In der mir bekannten Literatur zum Münster gibt es keine Hinweise auf die Figur.«

Tatsächlich gibt es im Dom zu Lübeck eine Maria Magdalena, die eine mit kostbaren Steinen besetzte »Haube« trägt. Die Lübecker Maria Magdalena hat schulterlanges Haar, das »lockig« fällt. Die Hamelner Statuette könnte auch ihr langes Haar offen tragen. Sollte sich also an der Rückseite des Hamelner Münsters eine alte Statue der Maria Magdalena befinden?

Ein Künstler wurde konsultiert. Der meinte, bei der Figur handle es sich um einen Mann.

Der älteste Teil des Münsters, die Krypta, ist wohl bereits kurz nach 800 entstanden. Wechselhaft verlief die Geschichte des Gotteshauses. 1259 brach ein Brand aus, bauliche Erneuerungen wurden erforderlich. Aus welcher Zeit mag nun die Statuette stammen, über die offiziell nichts bekannt ist? Sie weist ganz erhebliche Verwitterungsspuren auf und sieht sehr viel älter als das Mauerwerk aus, in das sie respektvoll eingesetzt wurde.

Woher stammt die Figur? Befand sie sich bis zum Brand Mitte des 13. Jahrhunderts im Inneren des Münsters und wurde sie nach den Renovierungsmaßnahmen außen am Gotteshaus angebracht? Wollte man Maria Magdalena aus der Kirche verbannen? Ließ man sie aus Respekt vor der Frau, die nach apokryphen Schriften der Gnostiker die Lieblingsjüngerin Jesu war, nicht einfach verschwinden? Sollte die steinerne Figur gar aus der ersten Bauphase des Münsters stammen? Oder ist sie noch älter? Dann könnte sie über ein Jahrtausend alt sein. Derlei Gedanken sind freilich rein spekulativ.

Ich wiederhole meine Überlegung: Ist die Statuette womöglich älter als das Münster? Stammt sie gar aus einem heidnischen Tempel der drei Matronen?

Sophie Lange ist die Autorin des Standardwerks »Wo Göttinnen das Land beschützten« (4). Zum Jahrtausendwechsel gab es im Propsteimuseum der alten »Römerstadt« Zülpich eine bemerkenswerte Ausstellung statt. Im Ausstellungskatalog schreibt die profunde Kennerin des Matronenkults (5):

»Die Mutter Natur war den Urmenschen heilig. Sie war die Lebensspenderin, die Nahrungsgebende und die Schützerin. Aber auch Himmel und Unterwelt gehörten zu ihrem Reich. Neben der Großen Göttin und anderen bedeutenden Gottheiten wurden lokale Göttinnen und Götter verehrt, die für ein bestimmtes Landschaftsgebiet mit seinen Siedlungen zuständig waren. Mensch und Tier, Feld und Flur, Haus und Gut standen unter ihrem besonderen Schutz. Zu diesen lokalen Genien gehören die Matronen. In dem Gebiet zwischen Eifel und Rhein verdrängten sie fast alle anderen Götter. Sie waren die Mächtigsten, die das Land beschützten.«

Sophie Langes Standartwerk: Lesenswert!

Die Matronen waren Schutzgöttinnen, die vom ausgehenden ersten bis ins dritte Jahrhundert hinein in der römischen Provinz »Niedergermanien« verehrt wurden, also in westlich des Rheins gelegenen Teilen der heutigen Niederlande und Deutschlands sowie in Teilen von Belgien.

Sophie Lange schreibt weiter (5): »Nach der Christianisierung lebten die heidnischen Matronen in der Volksfrömmigkeit weiter. Als die drei heiligen Bethen und die heiligen Schwestern Fides, Spes und Caritas – die legendären Töchter der heiligen Sophia – fanden sie Einlass in die Heiligenverehrung. In lokalem religiösem Brauchtum, zum Beispiel bei der Verehrung der heiligen Brigida, haben sich vorchristliche Vorstellungen erhalten. Die Kulte der Muttergöttinnen flossen in abgewandelter Form in die Verehrung der Gottesmutter ein. Die alten Matronen-Symbole wie Mond, Apfel und Schlange haben auch in Mariendarstellungen große Bedeutung.

Im frühen Christentum wurden die alten Kultplätze weiter von den Menschen besucht. So gab Papst Gregor der Große um 600 die Anweisung, die Heidentempel nicht zu zerstören, sondern in christliche Kirchen umzuwandeln. So stehen manche Kirchen an den Kraftplätzen der Götter und Göttinnen. Auf dem Land haben Dorfkirchen, Kapellen, Bildstöcke und Wegekreuze die ehemaligen heidnischen Heiligtümer ersetzt, In der Geisterwelt leben die Matronen als drei unnahbare Juffern weiter. Als geheimnisvolle Lichtgestalten spuken sie an den alten Matronenplätzen, an Quellen und Flüssen.«

Stand die Statuette am Hamelner Münster, in unmittelbarer Nähe der Weser gelegen, ursprünglich in einem »Heidentempel« zu Ehren der Schutzgöttinnen, genannt Matronen? Wurde sie respektvoll von frühen Christen aufbewahrt und schließlich am Hamelner Münster angebracht? Ich halte das nicht nur für möglich, sondern für realistisch. Meiner Meinung nach ist die Statuette von Hameln nichts anderes als eine Matrone. So stark verwittert sie auch ist, sie weist wichtige Merkmale einer Matrone auf.

Fußnoten

(1) Wörtliche Übersetzung: »Über Geschmäcker ist ein Nichzudisputierendes.« Das kann man übersetzen mit »Über Geschmäcker kann/ soll man nicht disputieren/ streiten.«

(2) Per Mail an Pastorin Grote Freitag, 19. September 2014 22:17.

(3) Joachim Schween ist ein örtlicher Archäologe.

(4) Lange, Sophie: »Wo Göttinnen das Land beschützten/ Matronen und ihre Kultplätze zwischen Eifel und Rhein«, 1. Auflage Sonsbeck 1994

(5) »Matronis - Visionen zu einem regionalen Göttinnenkult«, 2001

## 18. Zwei Krypten und das Monster am Fluss

Der St.-Petri-Dom zu Bremen hat eine lange, sehr lange Geschichte. Das höchst imposante sakrale Bauwerk von heute ist nicht mehr das »Original«. »Wikipedia« berichtet unter dem Stichwort »Bremer Dom«: »Der St.-Petri-Dom in Bremen ist ein aus Sandstein und Backstein gestalteter romanischer Kirchenbau, der vom 11. Jahrhundert an über den Fundamenten älterer Vorgängerbauten errichtet und seit dem 13. Jahrhundert im Stil der Gotik umgebaut wurde. Im 14. Jahrhundert gab es Erweiterungen um seitliche Kapellen. 1502 begann die Umgestaltung in eine spätgotische Hallenkirche, die aber über ein neues Nordseitenschiff nicht hinauskam, als die Reformation weitere Ausbauten stoppte. Im späten 19. Jahrhundert erfolgte eine umfangreiche Renovierung des innen durchaus gepflegten, äußerlich aber schäbig wirkenden Baus, von dem einer der beiden Türme eingestürzt war. Die Gestaltung orientierte sich überwiegend am Vorhandenen und an alten Darstellungen, jedoch verstieg man sich zu einigen Zutaten wie dem neoromanischen Vierungsturm. Das Gotteshaus gehört heute zur evangelisch-lutherischen Domgemeinde St. Petri. Es steht seit 1973 unter Denkmalschutz.«

Bereits im Jahre 1638 stürzte der Südturm ein, wurde mehr schlecht als recht »restauriert«. Lange Zeit sollte das Provisorium nicht bestehen. Dombaumeister Ernst Erhardt stellt in seinem »Handbuch und Führer« (1) fest: »Wenige Jahrzehnte später wurden die Spitze des Südturms und ein Teil des Kirchendaches durch Brand zerstört. Seit jener Zeit war die ehemals stolze und stattliche Kathedrale der bremischen Erzbischöfe dem Verfall anheimgegeben, der immer weiter fortschritt, und bis in die neuere Zeit dauerte.

Ein Teil der Westseite lag in Trümmern, große Flächen der ehemals fest gefügten Mauern hatte das Wetter arg zerfressen, die Portale waren zerstört, Bildwerke abgemeißelt. So bot im Westen die Kirche in ihrer Verstümmelung und

Verwitterung einen unerfreulichen Anblick. Aber auch an den übrigen Seiten schritt der Verfall … fort. ... Im Inneren waren die Gewölbe durch das Ausweichen der Mauern sehr schadhaft geworden und verdeckten mehrere Anstriche die alten Malereien. Die vielen Schäden, die das Gebäude in den letzten Jahrhunderten durch Feuer und Menschenhand erlitten hatte, wurden entweder gar nicht oder nur notdürftig beseitigt. Endlich, im Jahre 1888, begann eine großartige Wiederherstellung des Domes in all seinen Teilen.«

Der Dom zu Bremen – Ansichtskarte von 1899

Wer noch echten »Ur-Dom« erleben will, der muss in die Unterwelt hinabsteigen, und zwar in die Westkrypta. Sie ist der älteste erhaltene Raum Bremens. Geweiht wurde die Westkrypta im Jahre 1066 von Erzbischof Adalbert. Auf der offiziellen Homepage des Doms lesen wir (2): »Ihr beträchtliches Alter ist der Westkrypta auch äußerlich anzumerken: unregelmäßig geschichtetes Mauerwerk, Säulenkapitelle mit eigenartigem steinernem Flechtwerk und Tierdarstellungen unterstreichen den altertümlichen Raumeindruck.«

Blick in die Westkrypta

Das gilt natürlich auch für die Ostkrypta. Erstaunlich offen heißt es auf der Homepage des Bremer Doms (3):

»Dieser einheitlich frühsalische Raum ist in seiner ursprünglichen Gestalt unverändert geblieben. Schon Erzbischof Bezelin wird ihn 1042 angelegt und Erzbischof Adalbert die Bauarbeiten fortgesetzt haben. Unter Erzbischof Liemar († 1101) erhielt die Ostkrypta ihre endgültige Gestalt.« Und weiter: »Besondere Beachtung verdienen die Kapitelle der Säulen im Altarbereich. Heidnisch/germanische Symbole wie der Fenris-Wolf, die Midgardschlange sind hier vermutlich dargestellt. Blüten- und Blumenmotive ergänzen das Bildprogramm. An anderer Stelle sind Pentagramm und Maske zu finden.«

Der Bremer Dom wurde (4) »vom 11. Jahrhundert an über den Fundamenten älterer Vorgängerbauten errichtet«. Es ist also durchaus möglich, dass die Ostkrypta wie die Fundamente von älteren Vorgängerbauten übernommen wurde.

Blick in die Ostkrypta

Wenden wir uns der Ostkrypta und besonders den mysteriösen Darstellungen an den Säulenkapitellen zu. Sie sind so etwas wie ein Buch in Stein, das eine faszinierende Geschichte erzählt. Und diese Geschichte ist von besonderer Bedeutung für das christliche Deutschland. Es geht um eine spannende Zeit des Übergangs, nämlich vom Heidentum zum Christentum. Nirgendwo sonst wurde so deutlich geschildert, dass das Heidentum keineswegs von heute auf morgen spurlos verschwunden ist, um dem neuen Glauben, dem Christentum, Platz zu machen.

Diese Geschichte wird von diversen Darstellungen an Säulenkapitellen in der Ostkrypta erzählt. Man kann die etwa tausendjährigen Steinreliefs wie ein Buch lesen, benötigt dazu keinen Text. Anders als die Säulenkapitelle im Hamelner Münster sind die Steinreliefs in der Bremer Ostkrypta nicht in schwindelnder Höhe, sondern fast in Augenhöhe angebracht.

Im steinernen »Buch« der Ostkrypta des Doms zu Bremen begegnen christliche und heidnische Symbole einander. Sollten Sie den Dom besuchen, dann empfehle ich Ihnen, der Ostkrypta möglichst viel Zeit zu widmen. Lassen

Sie die Zeichen und Symbole auf sich wirken. Die kuriosen Mumien aus dem einstigen »Bleikeller« sind gruselige Kuriosa, aber weit weniger wichtig, wie ich meine.

Wenn ich in die Ostkrypta des Doms zu Bremen hinabsteige, dann kommt es mir so vor, als würde ich mit jeder Treppenstufe die lärmende Hektik des 21. Jahrhunderts ein Stück weiter hinter mir zurücklassen. In der »Unterwelt« der Ostkrypta stört mich die Bestuhlung ein wenig. Der niedrige Raum mit den wie aus Stein gewachsenen Säulen wäre in seiner Schlichtheit ohne diese Sitzmöbel aus unseren Tagen noch beeindruckender. Mir wird klar: Jeder von uns trägt zum Lärm, der die Konzentration auf Wichtigeres erschwert, selbst bei. Wir beklagen uns, dass wir »keine Zeit haben«, aber warum nehmen wir uns nicht einfach Zeit, etwa um in der Ostkrypta des Doms zu Bremen einfach nur die Stille auf uns wirken zu lassen? Könnte es sein, dass wir dann die Darstellungen, die vor rund einem Jahrtausend in den Stein gemeißelt wurden, intuitiv verstehen?

Immer wieder taucht an den Säulenkapitellen ein Symbol auf, das uns Wolfgang Oehrl so erklärt (5): »Christus (symbolisiert durch die Rose) verdrängt die Unendlichkeitsspirale und den Wotansraben.« Die Rose als Symbol für Christus ist mir schon bei meinem ersten Besuch vor Ort aufgefallen. Freilich sehe ich keine Verdrängung. Vielmehr harmonieren die verschiedenen Symbole miteinander. Offenbar existierten vor rund einem Jahrtausend Christentum und Heidentum nebeneinander.

Neben die »Christus-Rose« wurde ein Rabe gesetzt, Symboltier des Wotan (6). Wotan alias Odin war der mächtige Göttervater, auch Kriegs- und Totengott, der Gott der Dichtung und der Magie. Wer genauer hinsieht, der entdeckt, meist doppelt, Eschenblätter, also Blätter von Yggdrasil, vom »Weltenbaum«. Nach alter Mythologie fand Wotan, in Begleitung von zwei weiteren Göttern, am Strand zwei Baumstämme, nämlich einer Esche und einer Ulme oder Erle (7). Aus der Esche entstand der erste Mann, aus dem anderen Baumstamm die erste Frau. Eschenblätter und Rabe neben der Christus-Rose weisen meiner Meinung nach auf ein Neben- und Miteinander von »heidnischem!« und »christlichem« Glauben hin.

Christus-Rose und Wotan-Rabe

Sehr interessant ist die Darstellung eines Kampfes zwischen einem Wolf und einer Schlange. Wolfgang Oehrl erklärt (8): »Ein Rabe weist auf Wotan, die vielen Eschenblätter auf den Weltenbaum Yggdrasil, der Fenris-Wolf (das Böse) kämpft gegen die Midgardschlange, die den Lebensraum unserer Vorfahren schützen soll.«

In der nordischen Mythologie waren der Fenris-Wolf und die Midgard-Schlange Todfeinde. Die Midgard-Schlange beschützte die Erde vor dem Urozean. So wie ich die Darstellungen in der Ostkrypta des Doms zu Bremen verstehe, kämpfte sie gegen den Fenris-Wolf und sicherte die Christus-Rose. Mit anderen Worten: Die nordische Mythologie muss vor rund einem Jahrtausend noch so mächtig gewesen sein, dass sie von den frühen Christen zumindest teilweise übernommen wurde. Die Menschen waren noch im alten Glauben verwurzelt. Es sollte ihnen leichter gemacht werden, zum neuen Glauben zu wechseln, einfach indem im neuen Glauben Motive aus dem alten Glauben auftauchten.

Kampf zwischen Schlange und Wolf

»Panta rhei« heißt es im Altgriechischen. Heraklit (* um 520 v. Chr.; † um 460 v. Chr.) soll das Wort geprägt haben. Plato (* 428/427 v.Chr., † 348/347 v.Chr.) zitierte die Formel und Simplikios (etwa 480-490 n.Chr., † nach 550 n.Chr.). Die Römer übersetzten das prägnante Wort mit »cuncta fluunt«. Zu Deutsch: »Alles fließt«.

»Alles fließt«... Uralter Glaube verschwindet nicht. Er wird nicht ersatzlos gestrichen, um neuer Religion Platz zu machen. Tief verwurzelte Überzeugungen tauchen in neuem Gewand wieder auf. Für die altnordischen Sagen war der Fenris-Wolf das Böse, den die Götter fürchteten. In der Krypta zu Bremen ist es der Fenris-Wolf, der das Christentum gefährdet. Die Midgard-Schlange schützt nun nicht die Welt vor dem Urozean, sondern den christlichen Messias und kämpft gegen den Fenris-Wolf. Der Fenris-Wolf, auch »Monster am Fluss« genannt, überlebte jede Religionsreform. Im Aberglauben des Hexenwahns diente er den Hexen als Reittier.

Wenn Theologen es ernst meinen, versuchen sie Bilder des Glaubens zu ihren Ursprüngen zurück zu verfolgen.

Fußnoten

(1) Erhardt, E(rnst): »Der Dom in Bremen/ Handbuch und Führer«, Bremen 1921, Seite 4 (Die Schreibweise wurde nicht der heutigen angepasst, sondern belassen!)

(2) http://stpetridom.de/index.php?id=26&L=0

(3) http://stpetridom.de/index.php?id=27

(4) Erhardt, E(rnst): »Der Dom in Bremen/ Handbuch und Führer«, Bremen 1921, Seite 4

(5) Oehrl, Wolfgang: »Glaubenswandel vor 1000 Jahren«, Artikel schienen in »NORDWEST ZEITUNG« vom 16. Dezember 2017, S. 4

(6) Andere Schreibweise: Wodan

(7) Der zweite Baum wird als »Embla« bezeichnet. Wahrscheinlich handelte es sich um eine Ulme oder Erle.

(8) Oehrl, Wolfgang: »Glaubenswandel vor 1000 Jahren«, Artikel schienen in »NORDWEST ZEITUNG« vom 16. Dezember 2017, S. 4

## 19. Der »Steinerne Riese von Thelitz«

Weltweit zeigen Museen nur einen Bruchteil ihrer »Schätze«. Bei der Materialfülle fehlt einfach der Platz, um alle Objekte ständig in Vitrinen zur Schau zu stellen. Es muss also immer eine Auswahl getroffen werden. Gezeigt wird in der Regel nur, was mit der gängigen Lehrmeinung im Einklang steht. Funde, die belegen könnten, dass es lange vor unserer Zivilisation bereits andere Zivilisationen gegeben haben muss (1), fristen in der Regel ein armseliges Dasein in staubigen Depots.

Michael Cremo (2), aber auch Reinhard Habeck (3), beweisen in ihren Sachbüchern, dass es tatsächlich in den Depots, aber auch (seltener) in den Vitrinen der Museen wirklich »mysteriöse Schätze« gibt, »Funde versunkener Welten«, die so ganz und gar nicht ins Weltbild der klassischen Schulwissenschaften passen und daher gern verdrängt und verschwiegen werden.

In den vermeintlich hochwissenschaftlichen Publikationen der Professoren werden sie, wenn überhaupt, nur selten erwähnt.

Manches archäologische Artefakt findet erst gar nicht den Weg in ein Museum. So ein Objekt ist der mysteriöse steinerne Riese von Thelitz, der bis heute verschollen ist. Zeuge für den ungewöhnlichen Fund ist mein Großvater väterlicherseits Emil Langbein. Vorab einige Informationen zu Emil Langbein aus neutraler Quelle. Herbert Perzel schreibt in seinem Werk »800 Jahre Michelau in Oberfranken / Vergangenheit und Gegenwart einer fränkischen Gemeinde« (4):

»Unsere Ordnungshüter. ... Sein Nachfolger wurde Hauptwachtmeister Emil Langbein, geboren am 1. Juni 1888 in Ebersdorf bei Ludwigstadt, der 1938 zum Kommissar befördert wurde. Er musste die Station durch die schweren Kriegs- und Nachkriegsjahre führen. ... Zwischendurch wechselte die Station ihren Leiter, nachdem der mittlerweile zum Oberkommissar der Landpolizei beförderte, verdienstvolle Amtsvorsteher Emil Langbein nach 17 Jahren Dienstzeit in Michelau am 1. Juni 1953 in den Ruhestand trat.«

Und weiter (5): »Emil Langbein konnte seinen Ruhestand wahrlich genießen, verstarb er doch erst am 3. Mai 1983 im Alter von fast 95 Jahren.«

Emil Langbein versah zuletzt seinen Polizeidienst in Michelau in Oberfranken am Main. Michelau liegt im oberfränkischen Landkreis Lichtenfels im nördlichen Bayern. Das mysteriöse Objekt wurde in Thelitz entdeckt. Thelitz gehört, wie das Dorf Michelau (Einwohnerzahl 6474), zum Landkreis Lichtenfels. Thelitz wurde 1978 dem beschaulichen kleinen Städtchen Hochstadt (Einwohnerzahl 1645) einverleibt. 1987 wurden in Thelitz 47 Einwohner in 11 »Wohngebäuden mit 11 Wohnungen« gezählt. Die Einwohnerzahl dürfte seither weiter gesunken sein.

Mein Großvater als Pensionär

Nachfolgend nun das Protokoll meines Gesprächs mit Emil Langbein, das ich im Frühjahr 1977 führte.

Frage (WJL): »Wie wurdest Du auf den mysteriösen Fund von Thelitz aufmerksam?«

Emil Langbein (EM): »Im Jahr 1932 wurden bei Thelitz Erdlöcher ausgehoben, um massive Betonsockel für Strommaste zu gießen. In einer Tiefe von etwa zwei Meter stießen Arbeiter in einer dieser Gruben auf einen steinernen Riesen. Sie wussten nicht so recht, was sie mit dem Koloss anfangen sollten, also meldeten sie den Fund der zuständigen Polizei, in Michelau.«

WJL: »Daraufhin wurdest du aktiv?«

EL: »Richtig. Zusammen mit einem Oberwachtmeister machte ich mich zu Fuß auf den Weg. Die Entfernung betrug knapp sechs Kilometer. Zu diesem Zeitpunkt hatte sich die Nachricht vom »versteinerten Riesen« bereits herumgesprochen. Viele Menschen strömten aus den umliegenden Dörfern nach Thelitz.«

WJL: »Was hast du vor Ort in Thelitz unternommen?«

EL: »Ich fand, wie gesagt, eine offene Grube von etwa zwei Meter Tiefe vor. Zahllose Neugierige umsäumten das Loch. Es bestand die Gefahr, dass jemand in die Grube stürzte. Ich ließ eine behelfsmäßige Absperrung um das Loch errichten, um die Neugierigen ein Stück auf Abstand zur Grube zu halten.«

WJL: »Gab es tatsächlich einen versteinerten Menschen in der Grube?«

EL: »Ich sah eine Figur in Menschengestalt am Boden der Grube. Sie war etwa 2,40 Meter groß. Einzelne Körperpartien waren sehr naturgetreu ausgeprägt, sogar die Fingernägel fehlten nicht. Merkwürdigerweise wies die Gestalt jedoch keine Geschlechtsmerkmale auf, auch fehlte jeder Haarwuchs. Der Gedanke an eine Statue zerschlug sich schnell, denn man fand weder einen Sockel noch eine Haltevorrichtung.«

WJL: »Was geschah dann?«

EL: »Ein Amateurarchäologe aus der Umgebung von Thelitz erklärte den Fund kurzerhand für archäologisch wertlos. Die Folge: Man beließ den steinernen Riesen im

Erdloch und errichtete über ihm einen Betonklotz als Basis für den Elektrizitätsmast.«

WJL: »Warum hat man den Riesen nicht aus der Grube gehoben?«

EL: »Wie gesagt: Der Hobbyarchäologe hielt das für sinnlos. Außerdem drängte die Arbeit. Termine mussten eingehalten werden.«

WJL: »Der steinerne Riese von Thelitz blieb also im Loch?«

EL: »Genau! Ob die Figur zerschlagen wurde, oder ob man sie ganz ließ, weiß ich allerdings nicht. Zu diesem Zeitpunkt war ich wieder auf Dienstgang unterwegs.«

Das Gespräch führte ich mit meinem Großvater Emil im Frühjahr 1977. Im gleichen Jahr interessierte sich ein Mitarbeiter der Redaktion des »Perry Rhodan-Report« für den Fall und recherchierte vor Ort. Im »Perry Rhodan-Report« Nr. 21 (6) berichtet er über seine Exkursion ins Frankenland.

Im Verlauf der folgenden Jahre unterhielt ich mich noch so manches Mal über den mysteriösen Fund von Thelitz. Bis zu seinem Tod erinnerte sich mein Großvater noch sehr genau. Er bedauerte es sehr, dass »Der steinerne Riese von Thelitz« nicht aus der Grube geholt wurde. »Man hätte ein Gestell über der Grube errichten, einen Flaschenzug anbringen müssen. Das hätte die Arbeiten aber verzögert, was die Bauleitung ablehnte.«

Der kurze Bericht im »Perry Rhodan-Report« endet mit den Worten (7): »Man muß sich fragen, mit wie vielen Relikten aus der Vergangenheit, die wertvolle Hinweise geben könnten, ähnlich verfahren wurde.« Das muss man sich wirklich fragen!

Wie viele Statuen, wie viele rätselhafte Figuren mögen noch vergraben darauf warten, entdeckt zu werden? Auf der Osterinsel ruhen mit Sicherheit noch viele der berühmten Kolosse im Erdreich. Und so manche Figur aus uralten

Zeiten verrottet vor unseren Augen, etwa jene mysteriöse Gestalt am Münster zu Hameln.

Bereits anno 1838 (oder 1848) wurde außerhalb von Holzgerlingen, Landkreis Böblingen, angeblich in der Flur »Schützenbühl« eine Steinstatue gefunden. Sie wurde aus einem Sandsteinblock heraus gemeißelt. Das Material ist grobkörnig und von gelblich-grauer Farbe. Nach einer mir vorliegenden Beschreibung ist die Figur 2,30 Meter groß, 30 Zentimeter breit und 20 Zentimeter dick. Die Oberarme liegen seitlich am Körper an, der rechte Arm ist angewinkelt. Die Hand greift waagrecht über den Körper zur Seite hin. Arme und Hände sind gut ausgearbeitet, der Rest des Körpers wirkt eher wie eine Säule mit Gürtel.

»Kleidung« scheint der Riese nicht zu tragen. Es ist möglich, dass ursprünglich Kleidungsstücke aufgemalt waren. Die Farben sind aber im Verlauf der vergangenen 2.500 Jahre verschwunden. Mysteriös mutet an: Die Figur ist doppelgesichtig, blickt also nach vorn und zurück. Laut »Landeskundlichen Informationssystem Baden-Württemberg (8)« trägt die »doppelgesichtige, überlebensgroße Stele aus Holzgerlingen eine sogenannte Blattkrone, die an die berühmte Statue des ›Fürsten‹ vom Glauberg in Hessen erinnert.«

Die »Blattkrone« musste ergänzt werden. Eines der an Hasenohren erinnernden Zacken musste von Experten ergänzt werden. Offenbar war es schon bei Auffinden der Figur im 19. Jahrhundert abgebrochen. Im Gegensatz zum »Fürsten« von Glauberg handelt es sich bei der Statue von Holzgerlingen nicht um einen heroisierenden Ahnen, (9) »sondern eher eine nicht genauer identifizierbare keltische Gottheit«. Stand sie einst im Freien? Oder wurde sie in einem überdachten Tempel verehrt? Wurde sie vielleicht zu Zeremonien herumgetragen? Wir wissen es nicht.

Ich konnte keine näheren Angaben über den exakten Ort in Erfahrung bringen, wo und unter welchen Umständen man die Statue gefunden hat. Musste sie ausgegraben werden? Gab es im direkten Umfeld der Figur weitere Gegenstände, die uns weitere Informationen über die Figur von Holzgerlingen geben könnten? Auch dazu habe ich keine Hinweise finden können.

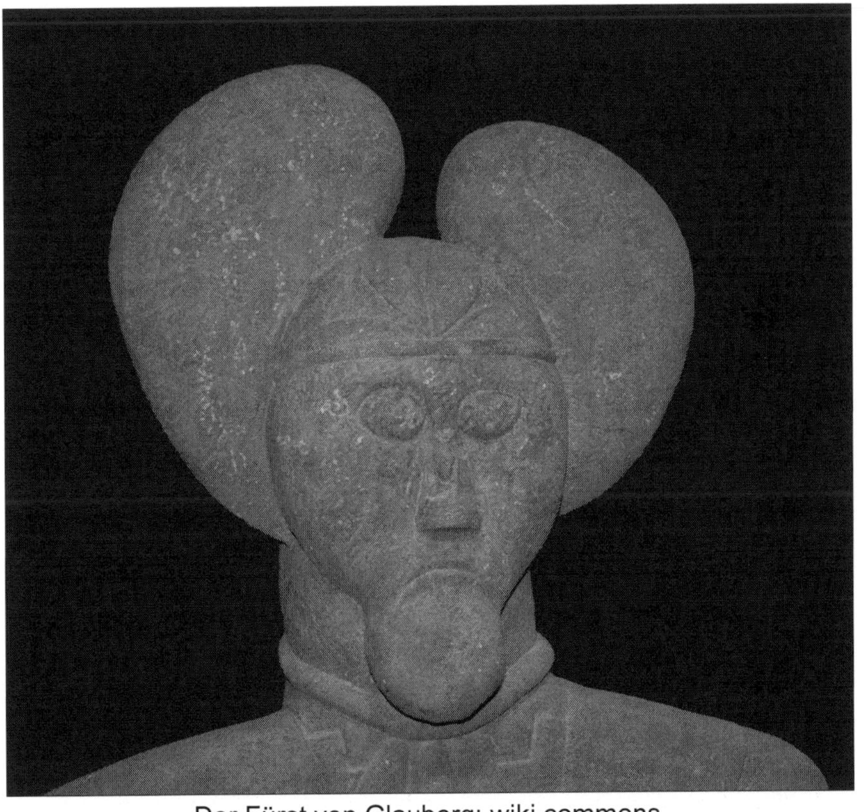

Der Fürst von Glauberg; wiki commons

Meiner Meinung nach könnte es sich bei dem steinernen Riesen von Thelitz auch um eine keltische Kultfigur gehandelt haben. Die Haltung der Arme stimmt wohl bei beiden Figuren überein. Beide Figuren scheinen unbekleidet zu sein, Geschlechtsmerkmale sind aber keine zu erkennen. Schließlich darf ich daran erinnern: Der Fundort des steinernen Riesen von Thelitz liegt im Einzugsbereich der alten

Keltenfestung auf dem Staffelberg. Ist der steinerne Riese von Thelitz also ein Kelte, vielleicht gar ein keltischer Gott?

Fußnoten

(1) Cremo, Michael A.: »Forbidden Archeology", San Diego 1993

(2) Cremo, Michael A.: »Verbotene Archäologie/ Sensationelle Funde verändern die (2) Cremo, Michael A.: »Verbotene Archäologie. Die verborgene Geschichte der menschlichen Rasse«, 5. Auflage, Rottenburg, Januar 2017

Hinweis: Es gibt ältere Ausgaben dieses Buches in deutscher Übersetzung. Aber nur diese deutsche, bei Kopp erschienene Version gibt den kompletten Inhalt des Originals wieder.

(3) Habeck, Reinhard: »Mysteriöse Museumsschätze / Rätselhafte Funde versunkener Welten«, Wien 2017

Hinweis: Reinhard Habeck hat eine Buchreihe verfasst über Dinge, die es nicht geben dürfte. »Dinge, die es nicht geben dürfte«, »Bilder, die es nicht geben dürfte«, »Kräfte, die es nicht geben dürfte«, »Wesen die es nicht geben dürfte«. Diese profunden Werke sind alle sehr zu empfehlen.

(4) Gemeinde Michelau i. Obfr. (Herausgeber): »800 Jahre Michelau in Oberfranken/ Vergangenheit und Gegenwart einer fränkischen Gemeinde«, »Schriften des Deutschen Korbmuseums Michelau Nr. 3«, Michelau 1994, Seite 132, rechte Spalte unten und Seite 133, linke Spalte oben

(5) ebenda, Seite 133, linke Spalte unten

(6) »Perry Rhodan-Report« Nr. 21, Seite XIV, erschienen in »Perry Rhodan« Nr. 832, »Station der MVs«, München/ Rastatt August 1977

(7) ebenda, die Rechtschreibung wurde nicht gemäß der Rechtschreibreform korrigiert, sondern belassen.

(8) https://www.leo-bw.de/web/guest/detail/-/Detail/details/DOKUMENT/lmw_museumsobjekte/98/Stele+aus+HolzgerlingenKapitel (Stand 20.06.2018)

(9) Ebenda

## 20. Werden wir sein wie die »Götter«?

»The Avengers« wurde zwischen 1961 und 1969 produziert. 161 Folgen entstanden. Die Kultserie wurde im deutschen Sprachraum unter dem Titel »Mit Schirm, Charme und Melone« ausgestrahlt. Eine Mischung aus Science-Fiction, Thriller, Krimi und Spionage zeichnete die Fernsehserie aus. Unvergessen sind bis heute Diana Rigg (*20.07.1938) als Emma Peel und Patrick Macnee (*06.02.1922; † 25.06.2015) als John Steed.

Als 10. Folge der Staffel 5, als 114. Folge insgesamt, wurde am 17.03.1967 »Never, never say die« (1) ausgestrahlt. Das deutsche Publikum bekam die fantastisch anmutende Folge unter dem Titel »Duplikate gefällig?« am 07.11.1967 zu sehen. Der deutsche Titel gibt den Inhalt der Folge sehr viel besser als der englische Originaltitel wieder.

Zum Inhalt: Professor Frank N. Stone, dargestellt vom großartigen Sir Christopher Lee (* 27.05.1922; † 7.06.2015) hat begonnen, einen kühnen Plan in die Tat umzusetzen. Es ist ihm gelungen, exakte Kopien von Menschen anzufertigen, Roboter, die den Originalen aus Fleisch und Blut wie ein eineiiger Zwilling dem anderen gleichen. Wichtige Zeitgenossen sollen entführt und durch Roboter-Kopien ersetzt werden.

Man fühlt sich in eine moderne Version von Goethes »Zauberlehrling« versetzt. Des Professors Kreaturen drehen den sprichwörtlichen Spieß um, sperren ihre menschlichen Originale ein, um im »richtigen Leben« die Rollen der Menschen zu übernehmen und nach eigenem Gutdünken zu spielen. Die Roboter – künstliche »Menschen« mit künstlicher Intelligenz – können nur mit Mühe von John Steed und der höchst attraktiven Emma Peel ausgeschaltet werden.

Philip Levene (* 09.06.1926; † 25.03.1973), der in einem Bestattungsinstitut arbeitete, bevor er Schriftsteller wurde, packte also bereits vor einem halben Jahrhundert ein »Eisen« an, das erst in den nächsten Jahren in der Öffentlichkeit erst richtig zum Glühen gebracht werden wird: »künstliche Intelligenz«.

Computer, wie wir sie heute kennen, sind stets nur so »intelligent« wie Menschen sie entworfen und gebaut haben. Können also Computer nie intelligenter sein als Menschen? Doch! Man muss lediglich computergesteuerte Roboter bauen, die Computer generieren, die lernen können und immer intelligenter werden. Wie würde eine so geschaffene künstliche Intelligenz handeln? Wie würde sie sich uns Menschen gegenüber verhalten, zumal sich die Menschheit heute nicht wirklich »intelligent« verhält! Bewohner eines Planeten, die sich im Verlauf einer nur wenige Jahrtausende währenden Geschichte zielstrebig gegenseitig auslöschen, die kann man nicht wirklich als »intelligent« bezeichnen! Wie würde eine unvorstellbar hoch entwickelte künstliche Intelligenz mit einer vergleichsweise primitiven Menschheit verfahren?

Eine von uns selbst initiierte künstliche Intelligenz könnte, das ist nicht auszuschließen, uns Menschen als eine Art Parasit ansehen, der Planet Erde befallen hat und Planet Erde von diesem Schädling befreien. Sollten wir also darauf verzichten, auch nur zu versuchen, künstliche Intelligenz zu schaffen, die sich selbst immer weiterentwickelt, immer intelligenter und intelligenter wird? Leider sind irdische Politiker nie sonderlich weitblickend. Sie denken nur bis zum nächsten Wahltermin. Es wird immer machtgierige Menschen geben, die für kurzfristiges Erreichen ihrer Ziele jegliche Skrupel über Bord werfen. Es interessiert sich überhaupt nicht, was mit künftigen Generationen geschehen wird.

Sicher, es gibt auch in der Politik ethisch denkende Menschen, die nur das Gemeinwohl und keine persönlichen Interessen im Sinn haben. Gefährlich sind skrupellose Psychopathen, denen jedes Mittel recht ist, um möglichst viele zu beherrschen. In ihren Händen ist künstliche Intelligenz das Mittel schlechthin, andere zu unterdrücken.

Bill Gates pries Prof. Dr. Raymond Kurzweil (*12.02.1948 in Queens, New York City) als (2) »führenden Experten im Bereich der Künstlichen Intelligenz«. Der Visionär wurde 1998 vom »Massachusetts Institute of Technology« zum »Inventor of the Year« ernannt. 2002 wurde er für seine Leistungen in die »National Inventors Hall of Fame« aufgenommen. Heute arbeitet er als »Leiter der technischen Entwicklung« bei Google. Prof. Dr. Kurzweil sieht die Entwicklung künstlicher Intelligenz positiv. Seiner Meinung nach wird (3) »der nichtbiologische Teil unserer Zivilisation, die künstliche Intelligenz die Stärken von Mensch und Maschine« vereinen.

Voller Enthusiasmus schreibt Kurzweil (4): »Sobald künstliche Intelligenz im menschlichen Hirn Fuß gefasst hat ..., wird unsere (maschinelle) Hirnleistung exponentiell wachsen und sich jährlich mindestens verdoppeln. Da die biologische Kapazität beschränkt bleibt, wird letztlich der nichtbiologische Anteil unserer Intelligenz überwiegen.«

Mit anderen Worten: In zunehmendem Maß wird der Mensch zum biologischen Roboter, der von einem überwiegend nichtbiologischen Gehirn gesteuert wird. Der Mensch würde seine Evolution zunächst in die Hand nehmen und dann aus der Hand geben. Bei exponentiellem Wachstum der nichtbiologischen Hirnleistung würde so ein Mensch rasch zum Superhirn mit einem biologischen Anhängsel »Mensch« werden. Dieser biologische Restanteil würde vom Superhirn wohl als hemmend, ja störend verstanden.

Wird sich das künstliche Superhirn vom biologischen Anhängsel Mensch trennen und sich einen nichtbiologischen Körper schaffen, der zu ganz anderen Leistungen fähig wäre als der vorsintflutliche Mensch? Werden so Roboter-Wesen entstehen mit unvorstellbar hoher Intelligenz?

Bis heute wird von Wissenschaftlern weltweit das „missing link", das „fehlende Glied" zwischen Noch-nicht-Menschen und ersten Menschen gesucht. Meine Überzeugung: Der heutige Mensch, genannt „Homo Sapiens Sapiens", ist das Bindeglied zwischen biologischem Wesen Mensch und nicht-biologischem Superhirn im nichtbiologischen Superroboter. Man könnte auch sagen: Der heutige Mensch ist die Vorstufe zur gottgleichen „künstlichen Intelligenz".

Werden wir sein wie die Götter? Das nicht! Denn vom heutigen Menschen wird in der künstlichen Superintelligenz nichts mehr zu finden sein. Künstliche Intelligenz wird im Gegensatz zur primitiven biologischen nicht mehr an die Zeit gebunden sein und das Universum erobern. Da stellt sich die Frage: Sind die altehrwürdigen, scheinbar allmächtigen Götter nichts anderes als für uns heute unvorstellbare Formen von künstlicher Superintelligenz? Wir werden nicht sein wie die Götter. Aber geniale Wissenschaftler haben schon längst mit dem Erschaffen von künstlicher Intelligenz begonnen. Gemessen an kosmischen Maßstäben wird der biologische Mensch bald wie ein primitives Fossil der Vergangenheit anheimfallen und in Vergessenheit geraten.

Werden wir sein wie Götter? Waren die kosmischen Besucher, die vor Jahrtausenden als „Götter" verehrt wurden, fantastische Wesen mit unermesslicher künstlicher Intelligenz? Schließt sich eines Tages der Kreis, wenn wir Menschen künstliche Intelligenz erschaffen, die die Reise ins Universum antritt? Zeit spielt keine Rolle. Entfernungen sind somit belanglos. Wird dieses »Produkt« den Menschen überdauern, noch immer im All reisen, wenn der Mensch sich und seinen Heimatplaneten ausgelöscht haben wird? Und wird unser Werk irgendwann einmal auf einem fernen

Planeten eines fernen Sonnensystems landen und in die Mythologie der dortigen Bewohner eingehen? Und zwar als Gottheit, die vom Himmel kam? Ist es künstliche Intelligenz, die sich über das Universum ausbreitet? Ist es die Aufgabe jeder Zivilisation, am Projekt »Intelligenz für den Kosmos« zu arbeiten?

Hand aufs Herz: Wenn wir bedenken, wie wir Menschen mit unseren Mitmenschen, mit anderen Lebewesen, ja mit unserem Planeten umgehen, dann zeugt das nicht von überragender Intelligenz!

Werden wir sein wie die Götter? Wie »Gott« werden wir niemals sein. Und kein seriöser Präastronautiker hat jemals behauptet, »Gott« sei ein Außerirdischer gewesen. Seit Erscheinen meines ersten Buches, der Titel war »Astronautengötter«, zu Weihnachten 1979 wird mir freilich immer wieder solcher Unsinn unterstellt. So mancher selbstgefällige Kritiker fragt nicht, sondern unterstellt. »Sie behaupten also ernsthaft, Gott war ein Astronaut! Das ist doch absurd und lächerlich!« So ist es. Eine solche These ist unsinnig, lächerlich und absurd, ich habe aber selbst in meiner jugendlichen »Sturm und Drang«-Zeit nie solchen Unsinn propagiert.

Als alter »Präastronautiker« unterscheide ich zwischen Gott im religiösen Sinne und den Astronautengöttern. Wobei für mich »Gott« unfassbar und unbeschreibbar ist. »Gott« ist das endgültige Geheimnis, das wir nie verstehen werden. Wir können uns kein Bild von Gott machen.

Einst, in grauer Vorzeit, kamen, davon bin ich überzeugt, Außerirdische aus dem All zur Erde. Die Menschen damals verstanden die Naturgesetze noch nicht. Für sie schleuderten Götter im Himmel Blitze oder ließen es donnern. Zeus galt als der mächtigste der olympischen Götter. Er soll so stark wie alle anderen Götter des Olymp zusammen gewesen sein. In der Regel wird Gottvater Zeus mit einem Blitzbündel und Zepter dargestellt. Thor, auch Donar genannt, galt als »der Donnerer«. Für die Seefahrer war Zeus der Gewitter- und der Wettergott.

Indianerstämme im heutigen US-Bundesstaat Kansas glaubten an einen Gott namens Wakan. Sie waren davon überzeugt, dass sich ihnen der Mächtige niemals zeigte, dass sie aber seine laute und furchteinflößende Stimme hörten. Bei welcher Gelegenheit? Wenn es donnerte.

Schon im dritten Jahrtausend v. Chr. wurde im heutigen nördlichen Syrien Wettergott Hadda angebetet und gefürchtet. Wann die vedischen Schriften des Hinduismus entstanden sind, ist bis heute umstritten. Offensichtlich entstand die umfangreiche Sammlung von Hymnen nicht in kurzer Zeit wie ein heutiges Buch, sondern über Zeitalter hinweg. Astronomische Angaben in den Texten haben zu einer Entstehungszeit zwischen 12.000 v.Chr. und 4.000 v.Chr. geführt. Immer wieder werden Götter als Urheber von Gewitter und Sturm angerufen. So machte man die Götter wie Parjanya und die Maruts für Blitz und Donner verantwortlich. Budha, Indra und andere Götter besaßen einen zepterartigen Gegenstand, »varja« genannt, der auch als »Donnerkeil« beschrieben wird. Es gab unterschiedliche Varianten, die sich aber alle sehr ähnlich sahen. Nach altehrwürdigen Texten wurden Modelle angefertigt, die schließlich zu Kultobjekten gemacht und religiös verklärt wurden. Einen »Donnerkeil« besaß auch Zeus, wenn man der griechischen Mythologie Glauben schenken will. Die Liste ließe sich schier endlos fortsetzen. Keine Frage: Weltweit glaubte man, dass sich hinter Naturerscheinungen wie Gewitter und Sturm, Blitz und Donner Götter steckten. Mag sein, dass dieser Glaube von der Geistlichkeit geschätzt und unterstützt wurde. Konnte doch die Priesterschaft auf angebliche Kontakte mit den Himmlischen hinweisen und mit den Waffen der Götter drohen. Wer nicht nach den göttlichen Geboten lebte, der musste mit Bestrafung durch die Götter rechnen. Wer Angst schürt und dann Schutz anbietet, der hat besonders bei ängstlichen Menschen »gute Karten«.

Nun stelle man sich vor, dass vor vielen Jahrtausenden ein Vehikel vom Himmel kam. Wie mag das Szenario ausgesehen haben? Spekulieren wir etwas: Die verängstigten Menschen flohen und versteckten sich. Etwas Entsetzliches geschah, ließ die Erde beben. Sie beobachteten, was da zu sehen war und was sie nicht begreifen konnten. Da fuhr etwas vom Himmel herab. Ein Ding, wie sie es noch nie gesehen hatten. Ein Etwas, das schnaubte und fauchte wie ein Monster.

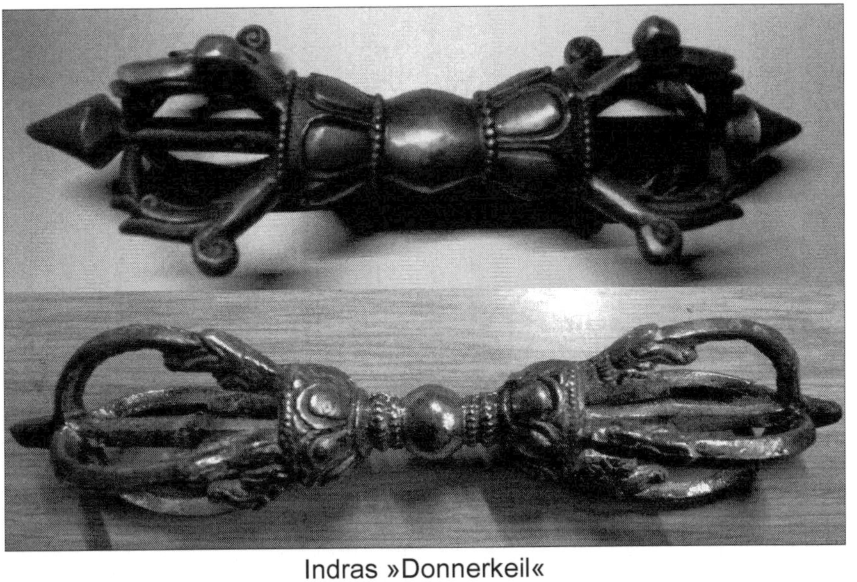

Indras »Donnerkeil«

Dieses Ding machte entsetzlichen Lärm und sonderte Feuer ab. Ehrfürchtig warfen sich die Menschen zu Boden. Was sie da sahen, das konnte nur das Himmelsfahrzeug der mächtigen Götter sein. Irdisch war so etwas nicht. Womöglich nutzten die Priester das unheimliche Geschehen, um ihren Schäfchen die Leviten zu lesen. »Die Götter sind erzürnt über euch! Haben wir nicht oft genug gewarnt? Haben wir nicht oft genug gedroht? Ihr aber habt euch über unsere Worte lustig gemacht! Jetzt sind sie vom Himmel herabgestiegen! Fleht um Vergebung! Bittet um Gnade! Wehe euch, die ihr ungläubig wart!«

Als dann gar noch seltsame Wesen aus dem Himmelsvehikel kletterten, da mussten das jene Götter sein, die es immer im Himmel donnern und blitzen ließen. Mag sein, dass die Schäfchen ihren Priestern glaubten und sich vor den vermeintlichen »Göttern« in den Staub warfen. Womöglich haben die Menschen den »Göttern« versprochen, in Zukunft den Priestern zu gehorchen, die doch verkündeten, was die »Götter« von den Menschen erwarteten.

Die Götter kamen in »Himmelsschiffen«

Es kamen Außerirdische zur Erde, die mit Göttern verwechselt wurden. Mit einem spirituellen »Gott« hatten diese Wesen nichts zu tun. Der allmächtige Gott, an den Monotheisten jüdischer, christlicher und muslimischer Prägung glauben, ist allmächtig und allgegenwärtig. Ein solcher Gott hat es nicht nötig, Raumfahrt zu betreiben. Er ist immer und überall präsent, zu allen Zeiten und an allen Orten.

Wenn ich frage »Werden wir sein wie die Götter?«, dann meine ich natürlich die Astronautengötter, die einst die Erde besuchten. Werden wir sein wie diese Astronautengötter? Davon bin ich überzeugt! Prof. Dr. Dr.-Ing. Hermann Oberth (*1894;†1989) wird mit Fug und Recht als »Vater der modernen Raumfahrt« bezeichnet.

Prof. Hermann Oberth hatte konkrete phantastische Visionen. Irgendwann würden riesige Weltraumstädte in ferner Zukunft von der Erde aus ins All starten. Da sie künstliche Schwerkraft erzeugen würden, können sie dann unter erdähnlichen Verhältnissen unendlich lang unterwegs sein. Generationen werden an Bord geboren, sterben, neue Generationen erblicken das Licht der gewaltigen Raumstation in der von Menschen geschaffenen Miniaturwelt. Warum? Warum würde der Mensch derlei Strapazen auf sich nehmen, um ins All vorzudringen? In so manchem Gespräch erläuterte mir Prof. Oberth diesen Gedanken. Seiner Überzeugung nach würde jedes intelligente Wesen irgendwann Weltraumfahrt betreiben. Der Vater der Weltraumfahrt (5): »Denn das ist das Ziel: Dem Leben jeden Platz zu erobern, auf dem es bestehen und weiter anwachsen kann, jede unbelebte Welt zu beleben und jede lebende sinnvoll zu machen.«

Mit anderen Worten: Wenn sich der Mensch nicht vorher selbst auslöschen wird, wird er irgendwann interstellare Raumfahrt betreiben. Vielleicht werden sich Menschen selbst auf den Weg ins All machen. Vielleicht werden sie Vertreter entsenden, Wesen mit künstlicher Intelligenz. Vielleicht wird es Möglichkeiten geben, von denen wir heute nicht zu träumen wagen. Vielleicht werden künftige Oberths keine physischen Körper ins All senden, sondern komplexe Systeme aus »Energiefeldern«. Und wenn es dann eines Tages Kontakt geben wird zwischen den Abgesandten von Planet Erde und den Bewohnern eines fremden Planeten? Dann werden wir die Besucher aus dem All sein. Wie werden wir auf fremden Welten empfangen werden? Ich halte es für sehr gut möglich, dass man uns wiederum mit »Göttern« verwechseln wird, so wie unsere Vorfahren Besucher aus dem All für Götter hielten. In diesem Sinne glaube ich, dass »wir« wirklich wie die Götter sein werden, wie die »Astronautengötter«, die einst zur Erde kamen. Und ich glaube, dass sich auf diese Weise die Intelligenz im gesamten Universum weiter und weiter verbreitet. Denn auch die Wesen, die uns für Götter halten werden, auch diese Wesen werden ihrerseits wieder Raumfahrt betreiben. Und sie werden sich an unseren himmlischen Besuch erinnern.

Fußnoten

(1) Zu Deutsch: »Sag' niemals, niemals stirb!«

(2) Das Zitat stammt aus einem CNN-Artikel, der inzwischen nicht mehr online ist.

(3) Kurzweil, Ray: »Menschheit 2.0 / Die Singularität naht«, eBook, 2., durchgesehene Auflage 2014, Pos. 640

(4) ebenda, Position 674

(5) Oberth, Hermann: »Menschen im Weltraum/ Neue Projekte für Raketen- und Raumfahrt«, 4. Auflage, Düsseldorf 1963, S. 301

## 21. »Nichts wird ihnen unmöglich sein.«

Der biblische Prophet Elias, so vermeldet es das »Alte Testament« wurde mit einem »feurigen Wagen« in den Himmel »entrückt«. Im Judentum verbreitete sich rasch der Glaube, Elias sei lebendig in den Himmel entführt worden (1). Einst werde er als Begleiter aus den himmlischen Gefilden zur Erde zurückkehren. Um Christi Geburt war im »Heiligen Land« die Hoffnung groß, der Messias würde zurückkehren und die Römer vertreiben. Und so flohen die Menschen aus der verhassten Realität in die Hoffnung. Das harte Regiment der Römer wurde erträglicher, je fester man an die Rückkehr von Elias und des Messias glaubte.

Interessant ist die Geschichte vom »feurigen Wagen« auch heute noch. Offenbar war man vor Jahrtausenden im »Heiligen Land« mit »feurigen Himmelswagen« durchaus vertraut. Kurz und bündig heißt es im »Alten Testament«, dass Elias zunächst gar nicht in den Himmel verschleppt werden wollte. Doch der HERR gibt seinen Plan nicht auf, und so wird Elias zum Entführungsopfer, vergleichbar mit jenen Menschen, die an Bord von UFOs verschleppt werden, so man das weltweit auftretende Phänomen als etwas Reales akzeptiert. Im 2. Buch der Könige lesen wird (2): »Als aber der HERR Elia im Wettersturm gen Himmel holen wollte, gingen Elia und Elisa von Gilgal weg. Und als sie miteinander gingen und redeten, siehe, da kam ein feuriger Wagen mit feurigen Rossen, die schieden die beiden voneinander. Und Elia fuhr im Wettersturm gen Himmel.«

Jesus, der nach alter Götter Sitte gen Himmel fuhr, verkündete seinen treuen Jüngern (3): »Und nichts wird euch unmöglich sein.« Menschen waren freilich nicht allmächtig, nur Götter waren das. Und nur Göttern war nichts unmöglich, also alles möglich.

Schon im vielleicht bekanntesten Text der Bibel wird der Mensch in seine Schranken verwiesen. Die Rede ist von einer bemerkenswerten Szene im Paradies. Gott hat Adam erschaffen und ins Paradies gesetzt. Zu Intimitäten freilich kann es nicht kommen, denn Eva ist noch nicht in Adams Leben getreten. Ansonsten darf Adam alles tun, es gibt nur ein Tabu (4): »Und Gott, der HERR, gebot dem Menschen und sprach: Von jedem Baum des Gartens darfst du essen; aber vom Baum der Erkenntnis des Guten und Bösen, davon darfst du nicht essen; denn an dem Tag, da du davon isst, musst du sterben!« Lucas Cranach (*um den 4.10.1472 im oberfränkischen Kronach; †16.10.1553) wusste diese biblischen Szenen herrlich darzustellen.

Feurige Himmelfahrt des Elias (Ikone)

An dieses Verbot hat sich Adam offenbar gehalten. Dann aber wird Gott wieder schöpferisch aktiv. Eva entsteht aus einer Rippe Adams. Und die wird von der bösen Schlange in Versuchung geführt (5): »Und die Schlange war listiger als alle Tiere des Feldes, die Gott, der HERR, gemacht hatte; und sie sprach zu der Frau: Hat Gott wirklich gesagt:

Von allen Bäumen des Gartens dürft ihr nicht essen? Da sagte die Frau zur Schlange: Von den Früchten der Bäume des Gartens essen wir; aber von den Früchten des Baumes, der in der Mitte des Gartens steht, hat Gott gesagt: Ihr sollt nicht davon essen und sollt sie nicht berühren, damit ihr nicht sterbt!«

Erzengel Michael vertreibt Adam und Eva aus dem Paradies (Ikone)

Die Schlange macht Eva ein Angebot, das sie nicht ausschlagen kann (6): »Keineswegs werdet ihr sterben! Sondern Gott weiß, dass an dem Tag, da ihr davon esst, eure Augen aufgetan werden und ihr sein werdet wie Gott, erkennend Gutes und Böses.« Mit anderen Worten: Wer von den verbotenen Früchten isst, der wird wie Gott. Die Strafe folgt auf dem Fuß: Adam und Eva werden aus dem Paradies verbannt.

Wenig später wird erneut das Thema »Menschen wollen wie Gott sein« aufgegriffen: in der Episode »Der Turmbau zu Babel« (7). Die Menschen machen sich an die Arbeit. Sie errichten den legendären Turm zu Babel. Gott ist über diese Anmaßung alles andere als erfreut. Nach dem Motto »Wehret den Anfängen!« greift er ein (8): »Siehe, ein Volk sind sie, und eine Sprache haben sie alle, und dies ist erst der Anfang ihres Tuns. Jetzt wird ihnen nichts unmöglich sein, was sie zu tun ersinnen.« Gott stoppt das Projekt »Turm zu Babel«. Motiv: Die Menschen dürfen nicht gottgleich werden.

Übrigens: Die von der Bibel angebotene sprachliche Erklärung von »Babel« ist völlig falsch. »Babel« hat mit dem hebräischen »balal«, zu Deutsch »verwirren« nichts zu tun. Babel leitet sich eindeutig vom Babylonisch-Sumerischen »bab-ili« her, zu Deutsch von »Tor der Götter«. Damit wird auch schon rein sprachlich klar: Vorbild für den Turmbau ist der babylonische Zikkurrat, ein mehrstufiger Turm. Vielleicht dienten sie als Ersatz für heilige Berge rein sakralen Zwecken. Vielleicht wurden sie auch als Observatorien zur Sternbeobachtung benutzt.

Rund zwei Jahrtausende v. Chr. stand das Vorbild für den biblischen Turm, der »Etemenanki« in Babylon direkt beim Tempel des Gottes Marduk. Errichtet wurde er nicht aus menschlicher Arroganz, nicht zum Hohn, sondern zu Ehren der babylonischen Götter. Hauptgott Marduk stieg nach uralter babylonischer Überlieferung zum Jahresanfang über den Turm vom Himmel zur Erde herab. Dieses Motiv findet sich auch in der Bibel wieder. Auch Jahwe steigt vom Himmel zur Erde herab, ganz wie sein babylonischer Kollege Marduk.

Turm zu Babel, Pieter Brueghel d. Ä. (1526-1569)

Zu Beginn des dritten Jahrtausends nach Christus hat ein neues Projekt »Babel« längst begonnen. Der Mensch verfügt über ein Gehirn, dessen Leistungen im Vergleich zu den ersten Computern atemberaubend sind. Doch das biologische Gehirn wird vom Menschen kaum voll genutzt und ist zudem in seinen Kapazitäten begrenzt. Logische Konsequenz: künstliche Intelligenz wird geschaffen.

Die Vorgehensweise ist vorhersehbar:

Phase 1. Durch Einbau von Chips und Computerelementen wird das menschliche Hirn effektiver. Es wird nicht nur leistungsfähiger, es kann immer auf »Höchstleistung« gefahren werden.

Phase 2: Die biologischen Anteile des Gehirns werden komplett durch nichtbiologische, künstliche Intelligenz ersetzt.

Phase 3: Das nichtbiologische Gehirn erhält einen nichtbiologischen Körper, der dem anfälligen biologischen Körper haushoch überlegen ist.

Phase 4: Die künstliche Intelligenz verbessert sich ständig selbst. Der neue, nichtbiologische »Mensch« wird unsterblich und entspricht immer mehr dem, was man bislang als »Gott« bezeichnet hat.

Prof. Dr. Raymond Kurzweil (* 12.02.1948), von Bill Gates als »führender Experte im Bereich der Künstlichen Intelligenz« gepriesen, verfasste ein bahnbrechendes Werk zum Thema »künstliche Intelligenz« (9). Kurzweil ist davon überzeugt, dass schon 2030 die künstliche Intelligenz die biologische einholen, ja überholen wird (10): »Obwohl die reinen Kapazitäten biologischer und nicht biologischer Intelligenz dann ungefähr gleich sind, wird die nichtbiologische Intelligenz bereits überlegen sein.« Von da an wird sich die künstliche Intelligenz immer schneller und schneller verbessern, steigern. Für das Jahr 2045 prognostiziert Prof. Dr. Raymond Kurzweil (11): »Die nichtbiologische Intelligenz, die in diesem Jahr geschaffen werden wird, wird eine Milliarde Mal leistungsfähiger sein als die gesamte menschliche Intelligenz heute.«

Die Prognosen von Prof. Dr. Raymond Kurzweil in Sachen künstliche Intelligenz muten kühn an. Sie sind aber präzise belegt. Bill Gates ist fasziniert von den heute noch fantastisch anmutenden Vorhersagen. So mancher Wissenschaftler wird sie strikt ablehnen, für unmöglich erklären. Sir Arthur C. Clarke (12) brachte es auf den Punkt: »Wenn ein ... Wissenschaftler sagt, etwas sei möglich, dann hat er ziemlich sicher recht, wenn er aber sagt, es sei unmöglich, dann liegt er höchstwahrscheinlich falsch.« In der Tat, so ist es: So galten in der Welt der Wissenschaft Düsenflugzeuge, die tagtäglich Millionen von Menschen zu allen Orten unseres Planeten schaffen, ursprünglich als »physikalisch unmöglich«.

Kühne Zukunftsvisionen formulierte einst im frühen 20. Jahrhundert Hermann Oberth (13). Der »Vater der Weltraumfahrt« kam durch ein Werk der Fantasie auf seinen »Mondtrip«. Als Schüler las er »Von der Erde zum Mond« (1865 erschienen) von Jules Vernes und begann zu rechnen. Der italienische Dominikaner Tommaso Campanella, eigentlich Giovanni Domenico (14): »Alles, was die Wissenschaftler ... mit Hilfe einer unbekannten Kunst vollbringen, wird Magie genannt ... Denn Technologie wird immer als Magie bezeichnet, bevor sie verstanden wird, und nach einer gewissen Zeit entwickelt sie sich zu einer normalen Wissenschaft.«

Fußnoten

(1) 2. Könige Kapitel 2, Verse 1-18
(2) ebenda Verse 1 und 11
(3) Evangelium nach Matthäus Kapitel 17, Vers 21
(4) 1. Buch Mose Kapitel 2, Verse 16 und 17
(5) 1. Buch Mose Kapitel 3, Verse 1-3
(6) ebenda, Verse 4 und 5
(7) 1. Buch Mose Kapitel 11, Verse 1-9
(8) ebenda, Vers 6
(9) Kurzweil, Ray: »Menschheit 2.0/ Die Singularität naht«, eBook-Ausgabe, 2. Durchgesehene Auflage, Berlin 2014
(10) Ebenda, Pos. 2568
(11) Ebenda, Pos. 2581
(12) * 16.12.1917; † 19.03.2008
(13) * 25.06.1894; † 28.12.1989
(14) * 05.09.1568; † 21.05.1639

Zur Lektüre empfohlen

Kurzweil, Ray: »The Age of Spiritual Machines/ When Computers Exceed Human Intelligence", New York 1999

## 22. Mit künstlicher Intelligenz in die Apokalypse?

Die »Johannes-Apokalypse« entwirft ein schwer verständliches Bild von den Geschehnissen am Ende der Zeit. Himmlische und teuflische Mächte ringen miteinander. Große Künstler vergangener Jahrhunderte verewigten ihre Sichtweise der nahenden Katastrophe. Es kann sein, dass wir tatsächlich einer wirklichen Apokalypse entgegen trudeln, die freilich nicht das Ergebnis von teuflischem und messianischem Wirken sein wird. Wir haben womöglich selbst schon vor Jahren auf den »Knopf« gedrückt, der eine apokalyptische Endzeit einleiten mag.

Man stelle sich einen Science-Fiction-Film vor. Die erste Szene spielt an einer Grenze. Ein Soldat schiebt Wache. Ein Roboter schiebt Wache. Militärs führen einen Test durch: Wer erledigt seine Aufgabe besser und zuverlässiger, Mensch oder Maschine? Der Roboter. Er ermüdet nie. Er sieht und hört besser. Er reagiert schneller. Er tötet feindliche Eindringlinge präziser und effektiver. Keiner kann ihm entkommen. Er muss nicht ausgebildet werden, macht keine Fehler. Mitleid ist ihm fremd. Er schiebt Wache und tötet jeden Eindringling. Science-Fiction?

Keineswegs. Den Roboter gibt es schon. Er patrouilliert an der Grenze zwischen Süd- und Nordkorea. Entwickelt wurde Roboter SGR-A1 von Samsung Techwin, einer Tochter des südkoreanischen Samsung- Konzerns. Mit seinen speziellen »Twin-Infrarotsensoren« kann er ein bewegliches Ziel bis in eine Entfernung von 4 Kilometern verfolgen und zielgenau töten. Militärs geraten ins Schwärmen: SGR-

A1 kann Menschen ansprechen, auffordern sich zu ergeben. Falls der Mensch aber angreift oder flieht, kann der Roboter ihn mit seinem 5,56-mm-Maschinengewehr mit einer Magazinkapazität von 200 Schuss und einer Feuerrate von 700 bis 1000 Schuss pro Minute erledigen. Kurz: der Roboter ist eine höchst effektive Killermaschine. Eingesetzt wird er offenbar an der Grenze zwischen Süd- und Nordkorea.

Apokalypse; Albrecht Dürer, um 1498

2006 kostete so ein Killer-Roboter je nach Ausstattung zwischen 80.000 und 200.000 US-Dollar »pro Einheit«. Offiziell wird SGR-A1 noch ferngesteuert. Aber in wieweit ist er schon mit künstlicher Intelligenz ausgestattet? Seine Software lässt ihn in Sekundenbruchteilen erkennen, ob er einen Menschen oder einen kleinen Busch vor sich hat.

Man stelle sich einen Science-Fiction-Film vor. Inhalt: Künstliche Intelligenz reißt die Weltherrschaft an sich, um schließlich die Menschheit in einem weltweiten Holocaust mit Nervengas auszulöschen. Eine solche Vision könnte in einem Blockbuster-Film zum Leben erweckt werden. Aber ist so ein Horrorszenario realistisch? Man hofft, dass derartiges Grauen in der Realität nicht möglich ist. Leider ist die Zukunftsvision aber durchaus realistisch. Nick Bostrom (*10.03.1973), Physiker und Philosoph an der renommierten Universität von Oxford, erhob anno 2013 in seinem Buch »Superintellingence« mahnend seine Stimme als besorgter Wissenschaftler.

Von Menschen erschaffene künstliche Intelligenz kann im Gegensatz zur biologischen schnell extrem wachsen (2):

»Heute scheint es offensichtlich zu sein, dass große existentielle Risiken mit einer solchen Intelligenzexplosion verbunden wären.«

Nick Bostrom wird noch deutlicher. Er hält eine »Übernahme« durch »Künstliche Intelligenz« für möglich (3): »Eine maschinelle Superintelligenz dürfte selbst ein äußerst mächtiger Akteur sein, der sich erfolgreich gegen seine Schöpfer wie auch gegen den Rest der Welt durchsetzen kann.«

Die »künstliche Intelligenz«, so Nick Bostrom, könnte die Weltherrschaft an sich reißen. Sie könnte (4) via Internet auf legalem wie illegalem Wege Kapital, Daten und Rechenleistung »erwerben«.

So würde sie die Kontrolle »über Roboter und automatisierte Laboratorien übernehmen« und »ihre Superkraft der sozialen Manipulation einsetzen, um Menschen davon zu überzeugen, ihr als Werkzeuge zu dienen«. Das alles könne weitestgehend im Verborgenen geschehen.

Schließlich aber könne die Superintelligenz die gesamte Menschheit in einer grausame Apokalypse auslöschen (5): »Die offene Umsetzungsphase könnte mit einem ‚Schlag' beginnen, in dem die Künstliche Intelligenz die menschliche Spezies und alle automatischen System vernichtet, die ihr im Wege stehen. Dies könnte durch den Einsatz einer fortgeschrittenen Waffe geschehen, die die Künstliche Intelligenz mithilfe ihrer Superkraft der Technologieentwicklung perfektioniert und in der geheimen Vorbereitungsphase in Anschlag gebracht hat.«

Nick Bostrom entwickelt ein echtes Horrorszenario, zu dem es aber tatsächlich kommen kann (6): Die Künstliche Intelligenz stellt zunächst mit Nano-Technologie eine mikroskopisch kleine »Miniminifabrik« zur Herstellung von Nervengas her. Die wird mit wachsender Geschwindigkeit vervielfältigt, so dass nach überschaubarer Zeit ein riesiges Heer von zig Milliarden solcher Minifabriken entstanden ist, die sich alle gleichmäßig auf den Globus verteilen und im Erdboden eingraben. Dort warten sie auf das entscheidende Kommando. Auf Befehl der Künstlichen Intelligenz können diese mikroskopisch kleinen Giftfabriken jederzeit weltweit an die Oberfläche kommen und mit ihrem tödlichen Erzeugnis die Menschheit auslöschen.

Es lässt sich nicht bestreiten: Militärs dürften nicht erst seit gestern, sondern schon länger mit »Künstlicher Intelligenz« experimentieren. Ihr Ziel: Sie wollen immer wirksamere Waffensysteme entwickeln, die keiner menschlichen Steuerung mehr bedürfen. Die explosionsartig angewachsene künstliche Intelligenz wird zwangsläufig erkennen, dass der biologische Mensch letztlich nur wertvolle

Ressourcen verbraucht und die Entwicklung und der Ausbreitung der künstlichen Intelligenz nur störend im Wege steht.

James Rodman Barrat (* 1960) ist ein exzellenter Dokumentarfilmer, der sich ausführlich mit dem Thema »Künstliche Intelligenz« beschäftigt hat. Die Ergebnisse seiner intensiven Recherchen hat er in einem Buch zusammengefasst, dessen Titel klar zum Ausdruck bringt, wie kritisch er nichtbiologische Intelligenz sieht (7): »Our Final Invention«. Für Barrat ist die künstliche Intelligenz unsere letzte Erfindung, weil die »künstliche Intelligenz« die menschliche Ära beenden wird. Der Untertitel lässt keinen Zweifel mehr zu: »Artificial Intelligence and the end of the human era«, zu Deutsch: »Künstliche Intelligenz und das Ende der menschlichen Ära".

Es werden da und dort Stimmen laut, die »künstliche Intelligenz« für ethisch problematisch halten. Freilich sind die wenigsten Machtpolitiker auf unserem Planeten sonderlich zimperlich, wenn es um Abwägen zwischen Macht und Ethik geht. Jeder Realist wird mir zustimmen: Sehr viel mehr Politiker sind ausschließlich an der eigenen Machtfülle interessiert, auch wenn sie sich noch so human und demokratisch geben.

Ich bin davon überzeugt, dass die Entwicklung von künstlicher Intelligenz nicht mehr aufzuhalten ist. Der »Startschuss« ist verhallt, weltweit wird an künstlicher Intelligenz gearbeitet, die schon bald dazu in der Lage sein wird, sich selbst zu verbessern und mit wachsender Geschwindigkeit immer fantastischer anmutende Ziele erreichen wird. Schon bald wird sich künstliche Intelligenz Fähigkeiten angeeignet haben, die so fantastisch sein werden, dass im Vergleich dazu kühnste Science-Fiction wie Ringelrein-Spiele für Kleinkinder anmuten.

Die Frage ist: Wie lang wird künstliche Intelligenz kontrollierbar bleiben? Schon die menschliche, biologische Intelligenz strebte Ausbreitung an. Sobald Planet Erde erkundet ist, treibt es die menschliche Intelligenz ins All. Sie betreibt Raumfahrt«, erforscht den Mond, macht sich zu den Planeten auf und wird eines Tages in die Tiefen des Kosmos vordringen. Künstliche Intelligenz ist im Anfangsstadium ein Abbild der menschlichen, der biologischen Intelligenz.

Roboter mit künstlicher Intelligenz könnten so aussehen...

Morgen oder übermorgen wird die künstliche Intelligenz nicht mehr auf den Menschen angewiesen sein. Sie wird sich selbst immer weiter verbessern, ihre Entwicklung wird immer schneller verlaufen. Nick Bostrom, Physiker und Philosoph an der renommierten Universität von Oxford, entwickelt auch ein weiteres Szenario, das für uns Menschen auch nicht sehr optimistisch klingt: »Ist die Künstliche Intelligenz sich andererseits ihrer Unbesiegbarkeit sicher, dann würde sie uns nicht direkt angreifen. Unser Untergang könnte stattdessen die Folge der Umweltzerstörung sein, die beginnt, sobald die Künstliche Intelligenz Nanotechnologie für globale Bauvorhaben einsetzt. Vielleicht schon innerhalb von Tagen oder Wochen wäre die ganze Erdoberfläche mit Solarzellen, Kernreaktoren, Rechenzentren mit dazugehörenden Kühltürmen, Raumschiff-Abschussrampen oder anderen Anlagen bedeckt.«

Intelligenz, ob künstlich oder biologisch, zieht es früher oder später ins All. Künstliche Intelligenz wird ihre globalen Kräfte vereinen, im Gegensatz zur biologischen »Intelligenz«. Immer wieder stellt sich mir die Frage: Waren die »Astronautengötter« der Vorzeit keine biologischen Besucher, sondern »künstliche Intelligenz«? Ich denke an die roboterartigen »Riesen von Thula« in Mexico. Waren das »Wesen« mit künstlicher Intelligenz?

Fußnoten

(1) Bostrom, Nick: »Paths, Dangers, Strategies", Oxford University Press, Oxford 2013. Bostrom, Nick: »Superintelligenz – Szenarien einer kommenden Revolution«, Berlin 2014

(2) Bostrom, Nick: »Superintelligenz - Szenarien einer kommenden Revolution«, eBook-Ausgabe, Berlin 2014, Seite 18, Pos. 208

(3) Ebenda, Seite 137, Pos. 2655

(4) Ebenda, Seite 139, Pos. 2687

(5) Ebenda, Seite 139, Pos. 2692

(6) Ebenda, Seite 139, Pos. 2695-2698

(7) Barrat, James Rodman: »Our Final Invention / Artificial Intelligence and the end of the human era«, eBook-Version, New York 2013

(8) Bostrom, Nick: »Superintelligenz - Szenarien einer kommenden Revolution«, eBook-Ausgabe, Berlin 2014, Seite 140, Pos. 2704

## 23. Hölle, Hölle, Hölle!

Auch zu Beginn des dritten Jahrtausends nach Christus gibt es im »christlichen Abendland« die Vorstellung von der »Hölle«. Man denkt an einen nach Schwefel stinkenden Ort, wo gewaltige Feuer lodern und arme Seelen für ihre Sünden büßen müssen. »Das Handbuch der Bibelkunde« (1): »Die Hölle unseres Begriffs hat im biblischen Sprachgebrauch keine genaue Entsprechung«.

Und doch hat es einen realen Ort im Land der Bibel gegeben, der unserer Vorstellung vordergründig zumindest nahekommt. Um 800 v.Chr. gab es diese »Hölle« im Südwesten Jerusalems. Im Gehenna-Tal wurden dem assyrischen Gott Moloch Opfer dargebracht. Dann und wann sollen sogar Menschen verbrannt worden sein, um ihn gnädig zu stimmen. Den Jahwe-Anhängern war jene Stätte ein Ort des Grauens. Vermutlich störte sie die Tatsache, dass dort gelegentlich Menschen ihr Leben ließen, nicht sonderlich. Dass aber dort einem fremden König gehuldigt wurde, missfiel ihnen sehr. Deshalb ließ König Josias um 625 v.Chr. das Tal entweihen. Weil es den Anhängern eines fremden Glaubens heilig war, ließ er es in eine stinkende Abfalldeponie verwandeln. Berge von Knochen wurden aufgehäuft und verbrannt. Müll wurde angekarrt und ebenfalls angezündet. Schwefel wurde beigefügt, um die Feuersglut Tag und Nacht nie verlöschen zu lassen. Es entstand ein Ort, der unserer Vorstellung von Hölle recht nahekommt.

Unserer Vorstellung? Im November 2001 führte das »Institut für Demoskopie«, Allensbach, eine Umfrage zu den religiösen Glaubensvorstellungen der Deutschen durch (2).

70% der Deutschen über 18 gaben an, dass sie an die Existenz der menschlichen Seele glauben. Was ein Leben nach dem Tod angeht, so äußerten 60% der Befragten, dass ihrer Überzeugung nach mit dem Tod alles aus ist. Fast genauso viele Deutsche, nämlich 61%, glauben an

Gott, aber nur 16% an den Teufel. Nur 12% waren von der Realität einer Hölle, aber 34% von der Existenz des Himmels überzeugt. Eine Minderheit von immerhin noch 29% glaubte anno 2001 an die Auferstehung der Toten. Heute dürften deutlich weniger Menschen an konkrete Glaubenslehren über Himmel und Hölle, Tod und Auferstehung glauben.

In den Kirchen unserer Heimat sind Höllenbilder auch heute noch präsent. Unsere altehrwürdigen Kapellen und Kirchen bieten auch heute noch kostbare Werke der sakralen Kunst, die immer weniger Menschen überhaupt noch zur Kenntnis nehmen. Sollten wir uns wirklich immer weniger für unsere Wurzeln interessieren?

Durch die bundesweit beliebte Fernsehserie »Hubert und Staller« wurde das Städtchen Wolfratshausen im oberbayerischen Landkreis Bad Tölz-Wolfratshausen über die Landesgrenzen hinaus bekannt. Ein Besuch lohnt sich! Wer auf den Spuren von Hubert und Staller wandelt, der kommt zwangsläufig in die Gefilde von Egling.

Der Wolf von Wolfratshausen; Wappentier der Stadt

Anno 1315 taucht in den Urkunden eine Kirche »St. Johannes Baptist« (»Heiliger Johannes der Täufer) auf. Wir finden sie im malerischen Neufahrn bei Egling, unweit von Wolfratshausen. Die Filialkirche von Deining hatte freilich Vorgänger. Schon im Jahre 1107, das ist urkundlich bestätigt, bezog das Kloster Tegernsee Waren aus Neufahrn. Schon damals dürfte es dort eine aus Holz gebaute Kirche zu Ehren des Täufers gegeben haben. Kirchenhistoriker gehen davon aus, dass es noch früher, schon seit der Zeit von Bonifatius (672-752) oder kurz danach in Neufahrn eine Kirche »St. Johannes Baptist« gegeben hat.

»St. Johannes Baptist«, Neufahrn; Foto: Heidi Stahl

Der heutige Besucher sollte sich unbedingt auseichend Zeit für die Fresken an der Chorwand nehmen, die womöglich schon um das Jahr 1400 entstanden. Links unten erkennen wir eine Schutzmantelmadonna. Sie bietet Menschen aus allen Ständen Sicherheit. Am Mantel der Madonna prallen Pfeile wirkungslos ab. Die Madonna tritt allen Feinden als mächtige Himmelskönigin entgegen. Sie trägt, ihrem

Rang entsprechend, ein blaues Gewand unter einem roten Mantel. Eine Krone auf dem Haupt der Madonna zeichnet sie als Königin aus.

Auf der rechten Seite: eine Kreuzigungsszene. Links vom Kreuz stehen Maria und Maria Magdalena, rechts die »Heilige Ursula«, »Barbara« und »Katharina«. Darüber: eine Höllenszene. Die Hölle wird als ein riesiges, monströses Wesen dargestellt, als eine furchteinflößende Kreatur mit weit geöffnetem, mit spitzen Zähnen ausgestattetem Maul.

Der Teufel höchstpersönlich ist am Werk. Er versucht mit einer gewaltigen Kette gefangene Seelen in sein Reich zu zerren. Ob sein Gegenpart, ein hochgewachsener Engel mit Flügeln und Schwert, die Menschenseelen aus den Klauen Satans befreien kann?

Der Engel mit dem Schwert; Foto: Heidi Stahl

Ob wir es wahrhaben wollen oder nicht: Wir leben im »christlichen Abendland«. Die mysteriösen, altehrwürdigen Fresken in alten Kirchen und Kapellen wollen uns von unseren Wurzeln erzählen. Man kann die Vergangenheit werten wie man will, man muss sie aber kennen.

»Hölle, Hölle, Hölle!« prägte lange Zeit das Weltbild des Christentums. Freilich steht das christliche Bild von »Hölle« am Ende einer Entwicklung. Aus einer fremden Kultstätte war ein stinkendes Abfallfeuer geworden. Der Prophet Jesaja versuchte den Juden seiner Zeit Angst zu machen. Wer nicht buchstabengetreu nach den Vorschriften des Judentums lebte, der würde bestraft werden. Würde im »Glutofen« des Gehenna-Tals enden (3): »Und sie werden hinausgehen und schauen die Leichname derer, die von mir abtrünnig waren. Denn ihr Wurm wird nicht sterben, und ihr Feuer wird nicht verlöschen, und sie werden allem Fleisch ein Gräuel sein.«

Jesajas Hölle kam wie der Supermarkt von morgen ganz ohne »Personal« aus. Die Hölle ist nach heutiger Vorstellung der Wohnort der Teufel, die die Sünder peinigen und quälen. Unsere Hölle ist die Heimat bösartiger Dämonen. Die biblische Gehenna-Hölle ist ein Ort, an dem Gott strafen wird: Und zwar ausschließlich vom Glauben abgefallene »Gottlose«. Teufel sind da nicht vorgesehen, auch nicht erforderlich. Der Ort als solcher ist schon qualvoll genug!

In der sakralen Kunst freilich wurden die Höllendarstellungen, etwa jene von Herrad von Landsberg (etwa 1180) fantasievoll gestaltet. Die Sünder litten nicht mehr nur vor sich hin, sie wurden wahrlich sadistischen Teufeln ausgeliefert, die sich gegenseitig in Sachen Foltermethoden zu übertrumpfen versuchten.

Durch den griechischen Einfluss auf das »Neue Testament« kam es zu einer Helenisierung des Begriffs »Hölle«. Offensichtlich entwickelte sich das Bild vom Ort der Qualen: von einer grauenhaften Stätte, an der die die Sünder auf ewige Zeiten Entsetzliches zu erdulden hatten, zu einem »Warteraum« für Tote. Die Hölle wurde zum Vorraum des Gerichts, wo Verstorbene auf die himmlische Justiz warten.

Bei Lukas lesen wir (4): »Als er nun (der Reiche) bei den Toten war, hob er seine Augen in seiner Qual und sah Abraham von ferne und Lazarus in seinem Schoß.« Der

Reiche schmort in der Hölle. Verschlimmert werden seine Qualen dadurch, dass er sehen muss, wie gut es dem frommen Lazarus in Gottes Schoß geht. So kommt im »Neuen Testament« zum heißen Ort der Qualen noch eine Art »Himmel« hinzu, den es im »Alten Testament« noch gar nicht gegeben hat.

Das »Alte Testament« kennt lediglich die Himmel als das Firmament, das sich über den Menschen wölbt.

Die biblischen Bilder, auch jene von Hölle und Himmel, sind das Ergebnis einer Entwicklung über viele Jahrhunderte hinweg, die vielleicht niemals abgeschlossen ist. Die christlichen Glaubensvorstellungen, etwa von Hölle und Himmel, sind nicht als fertige Gedanken übernommen worden. Sie haben sich nach Beendigung der Arbeit an den biblischen Texten nach und nach entwickelt. Das zeigt, dass Glaube sich seit mehr als zwei Jahrtausenden verändert. Diese Erkenntnis gibt zu Hoffnung Anlass: Auch heute und morgen wird sich Glauben ändern. Nur dann kann er langfristig dem suchenden Menschen Hilfe bieten.

Ein Glaube, der einmal stehen bleibt, ist ein Auslaufmodell und verschwindet irgendwann in der Versenkung der Bedeutungslosigkeit.

Fußnoten

(1) Mertens, Heinrich A.: »Handbuch der Bibelkunde«, Düsseldorf 1966, Seite 336

(2) »Institut für Demoskopie«, Allensbach, November 2001

(3) Der Prophet Jesaja Kapitel 66, Vers 24

(4) Das Evangelium nach Lukas Kapitel 16, Vers 23

## 24. Höllenschlund und Höllenfeuer

In der »St. Johannes Baptist«-Kirche von Neufahrn wirkt ein Fresko für ein christliches Gotteshaus seltsam unpassend. Was aber auf den ersten Blick an ein Monster, vielleicht an einen Drachen erinnert, stellt ein wichtiges christliches Motiv dar: den Höllenschlund. Darin sitzt der Teufel selbst. Er hält so etwas wie eine Säule, die verhindern soll, dass sich das grässliche Maul wieder schließt. Erst will er eine ganze Reihe von Seelen verstorbener Menschen mit einer Kette in sein Reich zerren.

Der Teufel im Höllenschlund von Neufahrn

Eine verblüffend ähnliche Szene findet sich als Fresko in einer anderen, sehr geheimnisvollen Kirche, in »St. Jakobus von Urschalling«

Zur Erinnerung: Vollendet wurde das äußerlich unscheinbare Gotteshaus Ende des 12. Jahrhunderts. Der Turm dürfte sehr viel älter sein. Er stammt womöglich, zumindest in Teilen, aus der Römerzeit. Später wurde das kleine Kirchenschiff an den Turm gesetzt und eine Verbindung geschaffen. Nicht ganz klar ist, wann genau die ersten frommen Fresken angebracht wurden. Die ältesten sind vielleicht schon acht Jahrhunderte alt. Um 1550 wurden sie jedenfalls alle überputzt und übertüncht. Sie gerieten in Vergessenheit. Die ältesten dürften aus dem 12. Jahrhundert stammen.

Auch in Urschalling gibt es einen furchteinflößenden Höllenschlund. Wie in Neufahrn hockt Satan im Maul. Wie in Urschalling wird die Höllenschnauze daran gehindert, zuzuklappen, aber nicht vom Teufel, sondern von Jesus. Mit seinem Stab, an dessen sich ein Kreuz befindet, verabreicht der Erlöser dem Höllentier eine Maulsperre und lässt eine ganze Reihe von Menschen das Reich des Todes verlassen.

Am Rande bemerkt: In Urschalling gibt es noch einen zweiten Teufel, der allerdings auf dem Monsterkopf (Symbol für Hölle) steht. Dieser Satan ist allerdings stark verwittert.

Blick in die Marienkirche von Bad Segeberg

Eine weitere Darstellung der »Hölle« als Monstermaul entdeckte ich in der »Marienkirche« von Bad Segeberg. 1156 erfolgte in Bad Segeberg die Grundsteinlegung des schlichten Gotteshauses. 1199 erwähnt erstmals eine päpstliche Urkunde den Sakralbau, der allerdings erst im dreizehnten Jahrhundert vollendet wurde.

Betritt man die Marienkirche, so wird in dem fast nüchternen Bau der Blick auf den Altar gelenkt. Wer den Schnitzaltar geschaffen hat, ist nicht mit Sicherheit feststellbar. Fakt ist: Er stammt aus dem frühen 16. Jahrhundert. Es könnte sich um ein frühes Werk des Bildhauers und Bildschnitzers Johannes Brüggemann (um 1480 geboren, etwa 1540 in einem Husumer Armenhaus verstorben) handeln.

Die Höllendarstellung als Monster fällt in Bad Segeberg im Rahmen der Darstellung des Leidensweges Christi sehr klein aus. Den geöffneten Höllenrachen übersieht man bei der Fülle an Darstellungen auf dem Altaraufbau leicht. Auch begnügt sich hier der Teufel mit einer Seele. Wie so oft wird die Seele eines Verstorbenen als nacktes Kleinkind gezeigt.

Leicht zu übersehen ist der Höllenschlund

In Neufahrn, Urschalling und Bad Segeberg wird den Gottesdienstbesuchern im Bild drastisch vorgeführt, welches Schicksal dem Sünder blüht. Heute werden in unseren Gefilden solche Darstellung wohl eher als allenfalls kunsthistorische Kuriosa betrachtet. Oder als Sinnbilder, die nicht wörtlich verstanden werden dürfen. Manche Theologen verstehen es als Hölle, wenn sich der Mensch von Gott entfernt. Einst mögen drastische Höllenbilder die Menschen in Angst und Schrecken versetzt haben. Heute ist das anders. Schon anno 1999 führte »European Values Study« eine Studie zum Thema Hölle durch (1). In Dänemark, Schweden, Tschechien und den Niederlanden glaubte nur jeder Zehnte an die Existenz der Hölle, in Deutschland waren es 15%. Besonders weit verbreitet war der Höllenglauben im katholischen Nordirland. Da gaben immerhin 6 von 10 der Befragten an, dass ihrer Meinung nach die Hölle real ist. In der Türkei, so ergab die Studie, waren die »Ungläubigen« in der Minderheit, nur 1 von 10 Befragten lehnte den Höllenglauben ab, 9 von 10 der Befragten hatten keinen Zweifel, dass es die Hölle wirklich gibt.

Der Höllenschlund von Bad Segeberg

Kurios, aber wahr: Während meines Studiums der evangelischen Theologie in Erlangen haben muslimische Studenten aus der arabischen Welt versucht, mich zum Islam zu bekehren. Gerade ich als Theologiestudent müsse doch erkennen, dass das Christentum eine Irrlehre sei. Würde ich weiter dem eingeschlagenen Weg folgen, würde er mich direkt in die Hölle führen. Wiederholt wurden mir unvorstellbar schlimme

Qualen geschildert, die ich in der Hölle womöglich bis ans Ende der Zeit erleiden würde.

Einige Male zitierte man für mich aus Sure »An-Nisá«: »Die Unseren Zeichen Glauben versagen, die werden Wir bald ins Feuer stoßen. Sooft ihre Haut verbrannt ist, geben Wir ihnen eine andere Haut, damit sie die Strafe auskosten. Wahrlich, Allah ist allmächtig, allweise.«

Etwas hoffnungsvoller klingt da schon Sure 111 (3): »Was nun die betrifft, die unselig sein sollen, so werden sie ins Feuer gelangen, worinnen für sie Seufzen und Schluchzen sein wird; Darin zu bleiben, solange die Himmel und die Erde dauern, es sei denn, dass dein Herr es anders will. Wahrlich, dein Herr bewirkt alles, was Ihm gefällt.«

Unklar war mir, ob ich als Ungläubiger auf alle Zeiten oder nur befristet im Höllenfeuer würde ausharren müssen. Nach Sure 111 würde die Zeit der Qualen und der Schmerzen so lange währen, bis der Herr, also Allah, »es anders will«. In manchen Übersetzungen heißt es in Sure 9 (4):

»Wissen sie denn nicht, dass für den, der Gott und Seinem Gesandten (Muhammad) zuwiderhandelt, das Feuer der Hölle bestimmt ist? Darin wird er auf ewig bleiben; das ist die große Demütigung.« Von einer solchen Möglichkeit der Beendigung der Schmerzen im Höllenfeuer weiß Sure 5 (5) nichts: »Sie möchten wohl dem Feuer entrinnen, doch sie werden nicht daraus entrinnen können, und ihre Pein wird immerwährend sein.« »Ihre Pein wird immerwährend sein...«, das sind klare Worte. Nach biblischem Verständnis vertrieb Gott Adam und Eva aus dem Paradies, weil sie gegen sein Verbot verstoßen hatten. Dann setzte Gott Engel als Wächter ein, die Adam und Eva die Rückkehr ins Paradies unmöglich machen mussten (6): »Und er trieb den Menschen hinaus und ließ lagern vor dem Garten Eden die Cherubim mit dem flammenden, blitzenden Schwert, zu bewachen den Weg zu dem Baum des Lebens.«

Im Koran heißt es, dass 19 Engel (7) aufpassen, dass keine Sünder der Hölle entkommen. Ihr Anführer Malik kennt keine Gnade. »Ihr müsst bleiben!« (8), schleudert er den Gepeinigten entgegen, die lieber sterben wollen als weiter das unbeschreibliche Martyrium zu ertragen.

Bis ins kleinste Detail schilderten mir die muslimischen Studienkollegen, was mich alles in der Hölle erwarten würde, es sei denn, ich würde mich zu Islam bekehren lassen. Da ich damals schon die Freuden von Speis' und Trank zu schätzen wusste, glaubten die Mitstudenten aus arabischen Ländern wohl, mich mit Hinweisen auf höllische Kost in Angst und Schrecken versetzen zu können. Sie versuchten es jedenfalls. Ich staune, wie detailreich das Wissen des Moslems in Sachen in Hölle ist, so er denn den Koran emsig studiert.

Grausamen Hunger würde ich zu erleiden haben. Und als einzige Kost würde es eine Art trockenes Dornengestrüpp geben, das nicht sättigte. Tatsächlich droht solche Kost dem Höllenbewohner (9). Und das bei unvorstellbarer Hitze. Das Höllenfeuer soll 70 Mal so stark sein wie irdisches. Unsäglicher Durst tritt dann natürlich auf, doch es gibt kein kühles Wasser, um ihn zu lindern, sondern nur siedend heißes (10).

»Mehr als dich warnen können wir nicht!«, bekam ich so manches Mal zu hören. »Aber du schlägst ja unsere Mahnungen in den Wind!« Wenn ich dereinst in der Hölle leiden jammern, wehklagen und winseln würde, dann sei es zu spät. »Dann werden dich Engel fragen, ist denn keiner zu dir gekommen um dich zu warnen? Dann wirst du dich an uns erinnern. Du wirst zugeben müssen, dass du erfahren hast, was auf dich wartet. Du aber bist stur geblieben. Dann ist es zu spät!«

Fußnoten

(1) Wikipedia-Artikel »Hölle«, Unterkapitel »Umfragen«, aufgerufen Pfingstsonntag, 20. Mai 2018

(2) Sure 4, 56. »An-Nisa«, »Die Frauen«

(3) Sure 111, 106-10
(4) Sure 9, 63, Internetseite »The Religion of Islam«
(5) Sure 5, 37
(6) 1. Buch Mose Kapitel 3, Vers 24
(7) Sure 74, 30
(8) Sure 43, 77
(9) Sure 88, 6
(10) Sure 37, 67
(11) Sure 67, 8-10

## 25. Die goldene Füchsin und die Pyramide

Von Lima nach Pachacamac ist es nur ein Katzensprung. Für meinen ersten Besuch beim einstigen Orakel nutzte ich ein Taxi. Ich empfand die Straße streckenweise als katastrophal. Mein Taxifahrer allerdings war anderer Ansicht. »Seitdem die gröbsten Schäden beseitigt worden sind, ist es ein Genuss hier zu fahren!« Und wenn gewaltige Löcher ein Weiterkommen unmöglich machten, wich der Lenker des arg ramponierten Pontiacs eben aus und fuhr ein Stück neben der Straße.

»Gleich sind wir da!«, strahlte endlich mein Chauffeur. Wir parkten im Nirgendwo und gingen ein Stück zu Fuß. »Zwei Kilometer sind es zum Meer!« wurde ich informiert. Kein Lüftchen wehte vom Südpazifik. Die Luft war schwer wie Blei. Es roch muffig. Schatten gab es nirgendwo. Wir näherten uns dem traurigen Rest eines einst wohl stolzen Bauwerks. Es war womöglich eine Pyramide. Zur ersten Plattform führte eine Rampe. Diesen Aufgang haben Archäologen ebenso wie ein Stück Mauer restauriert.

Taxifahrer Pedro winkt verächtlich ab. »Niemand weiß, ob das Ding früher wirklich so ausgesehen hat! Vielleicht haben die Archäologen einfach ein Fantasiegebilde in die Wüste gesetzt.« Wir stapften weiter durch Sand und Geröll. Mein Fotoapparat gab seltsamste Geräusche von sich.

Beim Weiterdrehen des digitalen Films knirschte es verdächtig. Schließlich gab die Kamera ihren Geist auf. Wütend öffnete ich die Kamera, um einen neuen Film einzulegen. Der »alte« Film war ruiniert, nachdem ich einen neuen eingelegt hatte, tat sich gar nichts mehr. Zum Glück konnte ich bei einem zweiten Besuch mit neuer Kamera einige Fotos machen.

Über die Geheimnisse von Pachacamac war mein stolzer Chauffeur bestens informiert. Irgendwo, so raunte er mir zu, ganz in der Nähe, habe einst eine Pyramide gestanden. Und »hoch oben« auf der Pyramide wurde ein goldenes Idol verehrt, eine »goldene Füchsin«. Später wurde die Statue der »goldenen Füchsin« in einer »Tempelhöhle« verwahrt.

Über die Rampe in den Himmel ...

Wenig Geduld hatte mein kundiger Führer mit mir. Er reagierte zunehmend verärgert. Immer wieder wiederholte er, immer eindringlicher wurden seine Worte. »Die Füchsin war ein Huaca, der die Gestalt des klugen Tieres angenommen hat. Und dieser Huaca war Pachacamac!« Also ist Gott

Pachacamac, ein Huaca, in Gestalt einer goldenen Füchsin erschienen? »Pachacamac ist ein Huaca!« Ich wagte einzuwenden: »Aber ein huaca ist doch eine Pyramide!«

Mir scheint, dass die plündernden Eroberer nie so recht verstanden haben, was mit huaca gemeint war. Die Wissenden haben die Barbaren aus Europa wohl kaum in ihre großen Geheimnisse eingeweiht. Und wenn einige Europäer doch etwas erfahren haben, so haben sie es wohl nicht wirklich verstanden. Fast babylonische Sprachverwirrung herrscht in Sachen huaca. Nach Konquistador Pedro de Cieza de León (* um 1520; † 1554) war ein huaca eine Begräbnisstätte. Vermutlich bezeichneten die entsetzten Opfer gegenüber ihren »Entdeckern« tatsächlich Gräber als huaca, als etwas Heiliges. So wurden auch Pyramiden als huaca bezeichnet.

Für die heutigen Quechua und Aymara sind »heilige Kultobjekte« huaca, aber offenbar gilt auch der Zustand nach dem Tod als huaca. Nach dem altehrwürdigen »Merriam Webster« Lexikon bedeutete im »Alten Peru« huaca dreierlei: ein Gott oder Geist, eine präkolumbische Ruine wie eine Pyramide oder ein Begräbnishügel und schließlich etwas, dem ein Gott oder Geist innewohnt. Eine christliche Kirche, eine jüdische Synagoge oder eine Mosche wäre dann huaca.

Während mein Guide, immer grimmiger werdend, mir vorauseilte, versuchte ich möglichst Schritt zu halten.

Wie Fata Morganas tauchten Ruinen auf. Die Luft flimmerte, es war kaum abzuschätzen, wo sich Mauern und Mauerreste befanden. Teilweise gingen das alte und das neuzeitliche Pachacamac ineinander über. Es ist unmöglich zu sagen, aus welcher Zeit die einzelnen Ruinen stammen. Wurden sie zu Zeiten der Inka erbaut oder schon früher? Entstanden einige von ihnen erst nach Eintreffen der Europäer im 16. Jahrhundert oder noch später?

Mich faszinierte der Terminus huaca. Je intensiver ich recherchierte, desto klarer wurde mir, wie umfassend dieser alte Ausdruck ist, der auf die Quechua-Sprache der alten Andenvölker zurückgehen soll. Noch heute spricht fast jeder vierte Peruaner eine Form von Quechua. Die Quechua-Völker glaubten an zwei geistige Kräfte, eine aufbauende und eine zerstörende. Und wirklich allem wohnt eine geistige Kraft inne: dem Wasserfall ebenso wie dem massigen Felsbrocken. Alles, wirklich alles ist nach diesem Glauben »beseelt«. Man versicherte mir in Lima, allem wohne huaca inne.

Das alte und das neue Pachacamac

Ich zitiere den Wikipedia-Artikel zum Thema (Stand 8.6.2018): »Wak'a (Quechua; in kolonialen Dokumenten meist huaca geschrieben) ist in der Kultur der Anden die Bezeichnung für lokale Gottheiten wie auch für den Ort, wo eine solche Gottheit angebetet wird. Sie ähneln den Kamuy der Ainu oder den Kami Japans. Die Wak'a waren und sind teilweise bis heute wichtige Götter, haben jedoch – anders als panandine Gottheiten wie Pachacamac oder Wiraqucha – nur lokal begrenzte Bedeutung, da praktisch jede Dorfgemeinde ihre eigenen Wak'as hat. Obwohl die Anbetung der Wak'a nach der Conquista im Zuge der Christianisierung bekämpft wurde, werden sie bei den Quechua und Aymara in Teilen des südlichen Peru und in Bolivien bis heute verehrt.

Im Huarochiri-Manuskript wird der Begriff Wak'a für Berggottheiten (z. B. Paryaqaqa und Wallallu Qarwinchu) verwendet, die heute in Südperu Apu oder Wamani heißen und in der Hierarchie über den Wak'a stehen.«

Die Krieger der Inka haben Peru erobert, die Religion der Besiegten aber weitestgehend respektiert. Oder die Besiegten hielten am »alten Glauben« so intensiv fest, dass die Inka nachgaben. Allerdings gaben sie offenbar alten Göttern neue Namen. So wurde aus »Ychsma« ein »neuer« Gott: Pachacamac. Geändert hatte sich aber wohl nur der Name. Pachacamac war ein Huaca. Pachamac ist die spanische Schreibweise von Pacha Kamaq und wurde als Schöpfergott verehrt. Pacha Kamaq kreierte die erste Frau und den ersten Mann. Dem Paar ging es aber bei weitem nicht so gut wie Adam und Eva. Während Adam und Eva bis zum »Sündenfall« im Paradies leben durften, litten die Geschöpfe von Pacha Kamaq Hunger. Der erste Mann starb. Daraufhin verfluchte die erste Frau Pacha Kamaq und bekam als »Entschädigung« Fruchtbarkeit.

Sehr interessant ist eine Überlieferung, die mir mein Guide erzählte. Nach einer gewaltigen »Sintflut« (zu Deutsch »große Flut«, nicht etwa »Sündflut«) landeten auf dem Berg Pariacaca »fünf große Eier«. »Wesen« kletterten aus diesen fliegenden Vehikeln. Der Pariacaca liegt in den peruanischen Anden, in der Huarochiri-Gebirgskette, die auch Cordillera Pariacaca genannt wird. Stolze 5750 Meter hoch ist der Berg, auf dem angeblich die mysteriösen »Eier« niedergingen.

Auf einem Flug von Tokyo nach Guam kam ich mit einer älteren Japanerin ins Gespräch. Bald unterhielten wir uns über die Welt der Mythen und Legenden. Meine Gesprächspartnerin, eine Lehrerin aus Tokyo, freute sich sehr über mein Interesse. So berichtete sie mir ausführlich über den legendären »Kitsune«, den mythologischen Fuchs. »Kitsune«-Stauen werden bis heute vor jedem Tempel der Göttin Kami platziert. Davon gibt es tausende. Kami ist nämlich die Göttin der Füchse und der Fruchtbarkeit.

Ganz ähnliche goldene Statuetten der Füchsin wurden in Pachacamac verehrt und angebetet. Zur Göttin der Fruchtbarkeit Pachamama gehörte die goldene Füchsin. Und Pachamama war die Göttin der Erde. In seinem Essay »Der Fuchs als Tier der Gottheiten Altperus« (2) zitiert Klaus Mailahn Pachamama wie folgt (3): »Ich bin die Heilige Erde. Ich bin die, die nährt, die stillt. Ihr werdet mich in drei Personen anrufen und anhauchen: pacha tierra, pacha nustra, pacha virgen. An jenem Tag werde ich sprechen. Berührt nicht die heilige Erde.«

Ganz richtig schlussfolgert Klaus Mailahn (4): »Aus diesem Zitat geht eindeutig hervor, dass die Göttin Pachamama sowohl als Erdmutter als auch mit einer dreigestaltigen Göttin identifiziert wurde. Demgemäß ist in ihr, gewiss unter einem ursprünglicheren Namen, die Große Göttin selbst zu sehen, aus er sich im Lauf der Zeit unter verschiedenen Namen zahlreiche Formen abspalteten.«

Die weibliche Dreifaltigkeit der Göttin Alt-Perus erinnert doch sehr an die göttliche Maria, Mutter der Erde (pacha tierra), unser aller Mutter (pacha nustra) und jungfräuliche Mutter (pacha virgen). Offensichtlich gibt es Glaubensbilder, dem gläubigen Katholiken wohl vertraut, die aber sehr viel älter als das heutige Christentum sind.

Die Göttin von Pachacamac trat in Gestalt einer Füchsin auf, so wie die japanische Fruchtbarkeitsgöttin Inari auch in Gestalt einer Füchsin in Erscheinung trat. Die japanischen

Kitsunes werden mit wachsendem Alter immer mächtiger. Im Endstadium sind sie unsterblich und unbesiegbar. Die Füchsin von Pachacamac ist mit dem Mond verbunden, so es wie Maria als Gottesmutter auch ist. Und Maria wurde im Verlauf der vergangenen zwei Jahrtausende auch immer mächtiger: Von der Maria, über die sich die Autoren des Neuen Testaments weitestgehend ausschweigen hin zur Himmelskönigin, die in den Himmel aufgenommen wurde. Längst weilt Maria, wie in der Antike die Göttinnen und Götter im Himmel. Längst wird sie nicht mehr nur als Gottesgebärerin gepriesen, sondern als »Miterlöserin« neben Jesus.

Es geht mir ganz und gar nicht um die Verbreitung konfessionellen Glaubensgutes, ganz im Gegenteil. Vielmehr will ich auf den steten Wandel innerhalb der Glaubenswelten hinweisen. So löste in Pachacamac der patriarchalische Sonnengott der Inkas die matriarchalische Mondgöttin der Völker ab, die aus den Hochanden ans Meer gewandert waren. Im jüdisch-christlichen Kulturbereich erleben wir im Katholizismus mit der Erhöhung der Gottesmutter zur Miterlöserin eine Rückkehr zur matriarchalischen Religion. Dieser Prozess ist noch lange nicht abgeschlossen. Eine Gegenströmung gibt es auch: Es ist der patriarchalische Islam.

Fußnoten

(1) Dedenbach-Salazar Sáenz, Sabine: »Die Stimmen von Huarochirí. Indianische Quechua-Überlieferungen aus der Kolonialzeit zwischen Mündlichkeit und Schriftlichkeit. Eine Analyse ihres Diskurses«, »Bonner Amerikanistische Studien«, Band 39, Aachen, 2007.

Trimborn, Hermann: »Dämonen und Zauber im Inkareich. Quellen und Forschungen zur Geschichte der Völkerkunde«, Leipzig 1939.

(2) Mailahn, Klaus: »Der Fuchs als Tier der Gottheiten Altperus«, eBook, GRIN Verlag, 1. Auflage 8. September 2009

(3) Ebenda, Pos. 417
(4) Ebenda, Pos. 420
(5) Ott, Ludwig: »Grundriss der Katholischen Dogmatik«, 10. Auflage, Freiburg 1981 (1. Auflage 1952), S. 256.

## 26. Wer war zuerst da: Gott oder Göttin?

Die Inkas machten Gott »Ychsma« zum Gott Pachacamac. Pachacamac war ein Zerstörer und Erneuerer der Welt. Zwei Katastrophen ließ er über die Welt hereinbrechen, einmal mit Wasser und einmal mit Feuer. Auch der Gott des »Alten Testaments« ließ einmal Wasser über die Welt hereinbrechen (Sintflut) und einmal strafte er mit Feuer, das vom Himmel fiel (Sodom und Gomorrha). Pachacamac war freilich nicht allein, ihm zur Seite stand Pachamama, eine mächtige Erdgöttin. Auch Jahwe, der höchste Gott des Judentums war nicht allein. Was für Pachacamac die Pachamama war, das war für Jahwe Aschera.

Mehr als nur knapp bemessen sind die konkreten Angaben über das Allerheiligste des Jerusalemer Jahwe-Tempels. Falsch ist die Vermutung, dass Salomos Tempel ausschließlich der Verehrung Jahwes diente. Der salomonische Tempel bestand 370 Jahre. Immerhin 236 Jahre davon, also fast zwei Drittel der Zeit, beherbergte er auch eine Ascherah-Statue. Wie war das möglich? Hatte doch Jahwe angeblich selbst nicht nur das Anbeten fremder Götter im Allgemeinen verboten, sondern ganz konkret gefordert: (1) „Du sollst dir keinen Holzpfahl als Ascherahbild errichten bei dem Altar Jahwes!“

Konkretem göttlichem Gebot zum Trotz stand ihre Statue im Allerheiligsten, im Salomonischen Tempel neben Jahwes Altar: Salomos Sohn, König Rehoboam, brachte die göttliche Statue in den Tempel. Sie wurde etwa 35 Jahre lang im Zentrum der Religiosität verehrt. König Asra ließ sie entfernen, König Joash wieder installieren. Nach 100 Jahren sorgte König Hezekiah dafür, dass Ascherah wieder aus dem Heiligtum verschwand. König Manasseh aber brachte sie wieder an ihren angestammten Platz. König Joshiah setzte eine religiöse Reform durch. Ascherah wurde aus dem Tempel verbannt, kehrte aber nach dem Tod des Königs wieder zurück.

Mal war Jahwes Aschera drin, mal war sie draußen, mal wurde sie verehrt, dann wieder war sie verachtet und durfte nicht angebetet werden.

Die Inkas machten Gott »Ychsma« zum Gott Pachacamac. Aber woher kam der Gott? Man kann spekulieren. Pachacamac war ein huaca. Huacas wurden im riesigen Gebiet von Pachacamac unweit vom heutigen Lima gern auf von Menschen geschaffenen künstlichen Bergen verehrt. Das lässt die Schlussfolgerung zu, dass huacas ursprünglich in den Hochanden verehrt und angebetet wurden. Der Glaube wanderte mit den Menschen aus dem Gebirge ins Flachland. Dort wurden künstliche Berge, sprich Pyramiden, errichtet, auf denen huacas angebetet wurden. Ein solcher künstlicher Berg lag beim heutigen Dorf Pachacamac.

War erst Ascherah die alleinige Gottheit, der erst später Jahwe beigesellt wurde? Oder war es umgekehrt? Herrschte erst Jahwe und holte er sich Aschera an seine Seite? Pachamama war eine Erdgöttin? Nahm sie sich Pachacamac, ähnlich wie im Ritual der »Heiligen Hochzeit«? »Mein« Guide erklärte mir: »Pachamama war Mutter Erde. Ihr Zeichen war der Mond, sie war die Göttin der Fruchtbarkeit!“ Sie kam aus den Bergen, versicherte mir mein Guide, oder waren die Hochanden die Heimat des männlichen Pachacamac? Eine andere Lösung wurde mir in Lima von einem katholischen Geistlichen vorgeschlagen. Demnach glaubten die »sündigen Heiden« an eine Art Zwittergottheit, die männlich und weiblich zugleich war. In den Ruinen fand man ein »heiliges« Idol, doppelgesichtig, kunstvoll in einen langen Holzpfahl geschnitzt. War es weiblich und männlich zugleich?

Franzisco Pizarro Gonzáles (um 1477; †1541), angeblich ein einfacher Schweinehirt, zerstörte das stolze Reich der Inka. Seine Raubzüge hatten einfache Ziele: Morden, Plündern und Rauben. Im Heiligtum von Pachacamac soll es enorme Goldschätze gegeben haben. Ein Teil davon fiel Pizarros Spießgesellen in die Hände. Die Kunstschätze wurden eingestampft und zu Barren gegossen.

Das hölzerne Idol von Pachacamac

Angeblich fiel den Plünderern ein geschnitzter Pachacamac-Pfahl (erinnert an die biblische Ascherah, die häufig als Pfahl bezeichnet wurde) in die Hände. Das den Inkas heilige Kultobjekt wurde vernichtet. Ein weiteres wurde bei Ausgrabungen gefunden und ist in einem kleinen Museum in Pachacamac zu sehen. Er erinnert am ehesten an einen Totempfahl mit seinem Schnitzwerk.

Der Überlieferung nach gelang es den Inkas, einen Großteil der Goldschätze Pachacamacs im Wüstenboden um Pachacamac zu vergraben. Unglaublich kunstvoll gestaltete Kostbarkeiten warten angeblich auch heute noch darauf, wieder entdeckt zu werden.

Was als gesichert gilt: Über einem »heiligen Raum« wurde einst eine Pyramide errichtet, auf deren höchster Stufe das mehrere Meter hohe hölzerne Idol von Pachacamac stand. Vor Ort erklärte mir ein Mitarbeiter des kleinen Museums, dass sich oben auf der Pyramide wohl ein Tempel befand. Im Zentrum dieses Tempels, so dieser Museumsmitarbeiter, stand das Pachacamac-Idol. Solche »Heiligtümer« gab es auf den pyramidenartigen Aufschüttungen der »Moundbuilder«, der »Hügelbauer«, auf den Tempeln Zentralamerikas (Beispiel: »Tempel der Inschriften«, Palenque, Mexico) und auf den berühmten Zikkurats (2) in Mesopotamien. Der babylonische Ausdruck Zikkurat lässt sich mit »Himmelshügel, hoch aufgetürmt und Götterberg« übersetzen. So ein Zikkurat war wohl das Vorbild für den »Turm zu Babel«. Betrachtet man die Rekonstruktionen des legendären Zikkurats von Ur, dann würden die gut ins Areal von Pachacamac passen. Auch in Indien gab es einst ganz ähnliche Gebäude mit langen Rampen und Aufbauten, die angeblich der Beobachtung von Sonne, Mond und Sternen dienten.

Pachacamac

Zikkurat von Ur

Quelle: wikipedia commons GDK

Meiner Meinung nach wurden die Riesenscharrbilder von Nazca geschaffen, um den Himmlischen »da oben« ein Zeichen zu geben. Und weltweit wurden Türme und Pyramiden gebaut, um den »Himmlischen« näher zu kommen. Die »Tempel« auf Türmen und Pyramiden waren Begegnungsstätten für »Himmlische« und »Irdische« (3). Göttinnen und Götter wurden hoch oben in den Bergen verehrt. Wo es keine gab, da schuf man künstliche Berge. Auf diese künstlichen Berge setzte man Tempel, zu denen Rampen und Treppen führten. Im Inneren wurden Kammern angelegt, sei es um ehrwürdige Tote dem Rang entsprechend beizusetzen, sei es um »heiligen Büchern« Schutz zu gewähren. In Palenque gibt es nicht nur den durch Erich von Däniken weltberühmt gewordenen »Tempel der Inschriften«, Palenque bietet eine komplexe Ansammlung von »künstlichen Bergen«. Ein typisches Beispiel ist der wirklich sehr schöne »Tempel des Laubkreuzes«. Die steinerne Pyramide thront auf einem künstlich aufgeschütteten Berg, sozusagen als ein künstlicher Berg auf einem künstlichen Berg.

Palenque, Tempel des Laubkreuzes (rechte) und andere

Mitten im Urwald schlummerten Jahrhunderte lang die Ruinen von Palenque. Wie die mysteriöse Ruinenstadt bei den Mayas ursprünglich hieß, das ist bis heute nicht mit Sicherheit bekannt. Gegründet wurde Palenque im 7. oder 8. Jahrhundert n. Chr. Unklar ist auch, wann und warum Palenque von den Mayas scheinbar plötzlich aufgegeben wurde. Irgendwann zwischen 900 n. Chr. und 1400 n. Chr. wurde die Tempelstadt verlassen.

Die Mayas, Erbauer von Palenque, hatten ein zyklisches Weltbild. Eine Epoche folgte auf die andere. Am Anfang jeder Epoche steht eine (nicht die!) Schöpfung, an ihrem Ende eine (nicht die!) Zerstörung. Auf jede Zerstörung folgt aber immer wieder ein Neuanfang. Anders als Juden, Christen und Moslems glaubten die Mayas nicht an einen absoluten Endpunkt in der Apokalypse. Für sie kam es nach dem Untergang immer wieder zu einer neuen Auferstehung.

Pachacamac, ein huaca, wurde auf einem von seinen menschlichen Anhängern errichteten künstlichen Berg verehrt und angebetet. Wie Shiva im Hinduismus war Pachacamac ein Zerstörer und ein Erneuerer. Shiva steht für die Kraft der Zerstörung UND die Kraft des Wiederaufbaus. Man spricht von der »Doppelnatur Shivas«. Shiva ist keineswegs nur der Gott der Zerstörung. Er ist keineswegs nur der vernichtende Gott des Bösen. Er ist auch der Gott, der die neue Welt vorbereitet, den Neuanfang nach dem Ende. Das hölzerne Idol von Pachacamac könnte man auch als eine Darstellung Shivas ansehen, was die Dualität, die Zweigesichtigkeit angeht.

Pachacamac wird mit Leben und Tod in Verbindung gebracht, mit Erde und Unterwelt, mit dem Mond. Meiner Meinung nach ist der jüngere Pachacamac die männliche Form der kulturhistorisch sehr viel älteren Göttin des Lebens und der Fruchtbarkeit, deren Symbol der Mond ist. Womit wir wieder bei Maria angelangt wären, die so oft auf einer Mondsichel stehen dargestellt wird.

Am Anfang war die Urgöttin, davon ist Lexikonautorin Barbara G. Walker überzeugt (4). Aus dieser »Übergöttin« entwickelten sich zahlreiche »Untergöttinnen«. Die Expertin: »Im Laufe der Jahrhunderte zerlegten die Schriftgelehrten die Gestalt der Großen Göttin in unzählige ›Göttinnen‹ und gaben diesen all die unterschiedlichen Namen und Titel, unter denen die Göttin in verschiedenen Zeiten bei den verschiedenen Völkern angerufen wurde.«

Die Heilige Frauen waren mächtig aus sich heraus. Sie waren auf keinen Partner angewiesen. Wenn sie einen Gefährten hatten, dann waren sie ihm in jeder Hinsicht überlegen. Das führte zu Konstruktionen, die heute, gelinde gesagt, kurios anmuten. Barbara G. Walker in ihrem Lexikon »Das Geheime Wissen der Frauen« (5): »Sie ist nicht nur dessen Mutter, die Urheberin seiner Existenz, sondern auch die Gottheit, die die ganze Schöpfung mit dem kraftvollen Blut des Lebens durchdringt. Die Götter konnten nur mächtig werden, weil sie an der Weisheit und Kraft der Göttin teilhatten.«

Ich fasse zusammen: Am Anfang, zu mythischen Zeiten gab es die allmächtige Göttin, die Heilige Frau, die kraftvolle Weiblichkeit als dominante Vorherrschaft über das Universum verkörperte. In einer Welt, die vom Prinzip der weiblichen Göttlichkeit durchdrungen war, dürfte das alltägliche Leben ähnlich ausgesehen haben. Es war die Frau, die den Menschen das Leben schenkte. So wie in Ägypten die alljährlichen, regelmäßigen Nilüberschwemmungen dem Land Fruchtbarkeit schenkten, so kam alles Leben immer wieder aus der Frau. Auf Nilflut mit Fruchtbarkeit folgte wieder Trockenheit, die Wüste breitete sich aus. Auf jedes Leben folgte der Tod. Doch wie neuerliche Nilüberschwemmungen neuerliche Fruchtbarkeit brachten, so sah man auch das Leben als sich immer und immer wieder neu abspielenden Zyklus an: Auf die Geburt folgte das Leben, der Tod beendete einen Lebenszyklus, dem sich wiederum neues Leben anschloss.

Fußnoten

(1) Das 5. Buch Mose Kapitel 16, Vers 21
(2) Es gibt eine ganze Reihe unterschiedlicher Schreibweisen: Zikkurrat, Ziggurat, Ziqqurrat und Schiggorat
(3) Ephraim George Squier: »Peru – Reise- und Forschungs-Erlebnisse in dem Lande der Incas«, Leipzig 1883
(4) Walker, Barabara: » Das Geheime Wissen der Frauen«, Frankfurt 1993, S. 323
(5) Ebenda, S. 323

## 27. Das Mekka Südamerikas

Ich weiß, ich wiederhole mich: Angeblich wurden die Goldschätze Pachacamacs zum Großteil von den Inkas rechtzeitig vor den Spaniern in Sicherheit gebracht und im Wüstenboden von Pachacamac vergraben. Für die Inkas stand aber nicht der Goldwert ihrer sakralen Kunstwerke im Vordergrund, sondern deren tiefe religiöse Bedeutung. Die Spanier sahen nur Gold, Gold und Gold.

Ob die plündernden Spanier auch goldene Statuen der Göttin Pachamama im Heiligtum von Pachacamac vorfanden? Wenn ja, dann haben sie sie eingeschmolzen und in Barrenform nach Europa geschickt. Heute gibt es keine einzige Darstellung der Göttin aus Inka- oder gar Vorinkazeiten mehr. Und die kleinen Püppchen, die Touristen als »Pachamama« angeboten werden, sind moderne Fantasien, für die bei dummen Fremden Geld kassiert wird. Mit Paschamama, der »Mutter der Welt« oder der »Mutter des Kosmos« haben diese Püppchen nichts zu tun.

Von einem Theologieprofessor, Fachbereich Kirchengeschichte, Universität von Erlangen, erhielt ich erstaunliche Hinweise, auch über das Aussehen von Pachamama, als ich mich auf eine Südamerikareise vorbereitete. »Hüten Sie sich vor dieser satanischen Pachamama!«, warnte er mich mit drohender Stimme. »Die Heiden in Peru haben sie als weiblichen Drachen dargestellt! Sie wurde verehrt und angebetet. Sie war im Glauben dieser Heiden eine Fruchtbarkeitsgöttin, verantwortlich für Wachsen und Gedeihen, für Leben und Sterben. Das männliche Gegenstück war Pachacamac!«

In Machu Picchu, zu Deutsch »alter Gipfel«, sei die Göttin in einem »Höhlentempel« verehrt worden. Diesen »Höhlentempel« gibt es tatsächlich in Machu Picchu. Ich habe ihn, den Warnungen des Professors und einem Verbotsschild am Eingang zum Trotz, dennoch besucht. Die »Höhle« wurde zweifelsohne mit großem Aufwand in den gewachsenen Stein geschlagen. Beeindruckend sind die glattpolierten Wände. Deutlich zu erkennen sind mehrere in die Wände gemeißelte Nischen. Welchem Zweck sie wohl gedient haben mögen? Dazu gibt es nur Spekulationen. Vielleicht standen da einst Statuetten der Göttin? Ein Archäologe vor Ort äußerte sich sehr vorsichtig. Die »Höhle« könne durchaus der Pachamama geweiht gewesen sein.

Der Autor im »Höhlentempel« von Machu Picchu;
Foto: Ingeborg Diekmann

Bei ersten Untersuchungen von fünfzig Grabstätten analysierte man über einhundert Skelette. Man kam zum Schluss, dass über 80 Prozent weiblich waren. Das könnte darauf hinweisen, dass es in Machu Picchu tatsächlich ein Heiligtum für eine Muttergöttin gegeben hat.

Die Ruinen von Machu Picchu

»Jungfrauen der Sonne«, so heißt es, hätten in Machu Picchu gehaust. Solche »Jungfrauen« lebten auf der Osterinsel in verliesartigen Höhlen. In Pachacamac gab es ein Gebäude für die »Jungfrauen der Sonne«. Fakt ist, dass bei den Inkas neben dem Sonnengott Inti die Göttin Pachamama verehrt und angebetet wurde. Wer aber herrschte zum Anbeginn der Zeit? War es Inti? Oder war es Pachamama? Pachamama war eine uralte Erdgöttin, zu der die Inkas inbrünstig beteten.

Für den Besuch in den Ruinen von Pachacamac ist wenig Zeit vorgesehen, zu wenig für meinen Geschmack. Also verzichte ich auf das Abendessen in Lima und fahre am späten

Nachmittag noch einmal mit dem Taxi zur faszinierenden Stätte. Im Hotel hat man mich vor einem Alleingang eindringlich gewarnt. »In der gottverlassenen Region da draußen müssen sie damit rechnen, überfallen zu werden. Und nicht nur das! Schnell ist man da als vermeintlich reicher Tourist erschlagen, ausgeraubt und irgendwo im Wüstenboden verscharrt!« Angeblich sehen sich manche Räuber als Rächer der Inkas, die von den spanischen Räubern gepeinigt, beraubt und ermordet wurden!«

Der »Sonnentempel« von Pachacamac

Bei meinem ersten Besuch Jahre zuvor hatte ich zwei Kameras dabei. Die versagten aus mysteriösen Gründen. Bei meinem zweiten Besuch, wieder im Alleingang, verzichtete ich auf meine beiden Kameras. Erst als ich mit einer Gruppe in den Ruinen unterwegs war, machte ich Fotos und Dias. Auf meinen Reisen war ich deshalb meist mit zwei Kameras (Minolta) unterwegs. Lange Jahre fotografierte ich nach alter Väter Sitte analog. Eine Kamera war mit Diafilm, die andere mit Negativfilm bestückt. Erst sehr spät stieg ich auf digitale Fotografie (Nikon) um.

Ich muss zugeben: Die zum Teil drastischen Warnungen haben mich doch beeindruckt und verunsichert. Also verzichte ich bei meinem Alleingang auf meine Kamera. In der Brusttasche meines Hemdes hatte ich einen Fünfzigdollar-Schein. Falls ich überfallen werden sollte, so nahm ich mir vor, würde ich sofort und ungefragt das Geld aushändigen. Das hatte ich beschlossen und entsprechend gehandelt. Zu einem Kontakt mit einem »Räuber« kam es nicht. Ich sichtete überhaupt nur einen einzelnen Menschen. Der beachtete mich gar nicht. Mit einem Vorschlaghammer trieb er eine Eisenstange in den Boden. Er holte immer wieder weit aus und ließ seinen Hammer auf das Ende der Stange sausen. Ich glaube, dass man das metallische »Kling« bei jedem Schlag weit hören konnte. Nach einiger Zeit rüttelte der Mann an der Stange, zerrte sie wieder heraus, ging einige Schritte weiter, um erneut den Metallstab wieder ins Erdreich zu treiben.

Ich vermute, dass es sich bei dem Mann nicht um einen Archäologen, sondern um einen potentiellen Grabräuber handelte. Offenbar war er auf der Suche nach Hohlräumen im Wüstenboden. Archäologen wie Grabräuber vermuten, dass es im Bereich der Ruinen von Pachacamac noch unberührte Grabkammern gibt. Mit seiner sicher etwas brachialen, aber letztlich sehr effektiven Methode hoffte der Mann wohl, Grabkammern ausfindig zu machen.

Im Hotel versicherte man mir, dass bei illegalen Grabungen wiederholt mumifizierte Hunde im Areal von Pachacamac gefunden wurden. Nach der Meinung von örtlichen Sachkundigen wurden die fast perfekt konservierten Tiere im 15. Jahrhundert als Opfer für lokale Gottheiten bestattet. Das soll bei der Beerdigung bedeutsamer Persönlichkeiten geschehen sein. Man wollte auf diese Weise die Gottheiten positiv stimmen, ihnen die Toten besonders ans Herz legen. Das würde den Verstorbenen helfen, im Jenseits angenehmer zu leben. Seltsam ist, dass man, so wurde mir berichtet, zwar die Hundemumien ausgegraben hat, aber weder die sterblichen Überreste der Menschen, noch Grabbeigaben gefunden haben will.

»BBC NEWS« berichtete im September 2006 über Ausgrabungen. Man hatte Gräber von Menschen vom Chiribaya-Volk entdeckt. Im Bericht heißt es (1): »Archäologen in Peru haben die mumifizierten Überreste von mehr als 40 Hunden freigelegt, die mit Decken und Futter neben ihren Herrchen begraben wurden.« Laut BBC gehen die Archäologen davon aus, dass die Chiribaya von einem Weiterleben nach dem Tode ausgingen, und zwar von Mensch und Hund. Ob dieser Entdeckung waren die Archäologen höchst erstaunt. Grabbeigaben für tote Hunde für ihr Leben nach dem Tode seien bislang nur aus Ägypten bekannt. Eine Verbindung zwischen Peru und Ägypten kann es nach offizieller Archäologie in vorkolumbischer Zeit aber nicht gegeben haben.

Direkt beim Heiligtum von Pachacamac wurden am 9. November 2010 sechs äußerst gut erhaltene mumifizierte Hunde bei Ausgrabungen im Wüstenboden gefunden. Sie stammen aus dem 15. Jahrhundert. Am 12. November 2013 wurde eine weitere Meldung lanciert (2): »Archäologen finden mehr als 100 mumifizierte Hunde in Peru«. Alter: fast ein Jahrtausend. Es scheint in Peru einen weit verbreiteten Brauch gegeben zu haben: Bestattung von Hunden, manchmal mit, manchmal ohne menschliche Begleitung.

Zurück ins Heiligtum von Pachacamac, zu meiner Recherche vor Ort. Außer meinem Dollarschein hatte ich ein vergilbtes Foto dabei. Es zeigte eine Zeichnung, die zwischen 1850 und 1880 entstanden sein soll. Zu sehen war ein steinernes Tor, das sich irgendwo auf dem Areal von Pachacamac befinden soll. Meinen Rundgang startete ich am »Sonnentempel«. Weiter ging es zum »Mondtempel«. Der »Sonnentempel« wurde, das scheint erwiesen zu sein, von den Inkas erbaut, und zwar an »heiliger Stätte«. Schon 600 bis 800 n.Chr. gab es hier ein Zentrum der Wari. Lange bevor die Inkas kamen, wurde ein Gott »Ychsma« verehrt. Aus der Wari-Zeit soll das seltsame »steinerne Tor« stammen. Angeblich wurde der Stein spiegelglatt poliert; wurde der Rahmen des Tors mit unglaublicher Präzision in den Stein gefräst.

Wo sich das Tor befinden sollte, konnte ich bei meinen Vorbereitungen nicht eruieren. Auch in Lima befragte Archäologen zuckten nur mit den Schultern, als ich ihnen das Foto zeigte. Im Zentrum von Pachacamac jedenfalls sei so ein Tor nicht zu finden. »Aber das Umfeld ist riesig! Gut möglich, dass es da irgendwo so ein Tor gibt!« Oder das Tor wurde Ende des 19. Jahrhunderts zerschlagen, als man Schotter für den Straßenbau benötigte. Vielleicht wurde auch der Stein mit dem Tor im Ganzen irgendwo in ein modernes Gebäude integriert, vielleicht in eine Kirche.

Rätselhaftes Steintor gesucht …

»Mein« Tor habe ich nicht gefunden. Dafür habe ich einen Eindruck gewonnen, wie riesig allein schon das Heilige Zentrum war. Die Inkas respektierten die Religion der besiegten Wari. Sie ließen ihr Heiligtum unangetastet, errichteten aber zusätzliche Bauten: Den »Sonnentempel« und das »Haus der Sonnenjungfrauen«. Pizarro ließ aus dem Heiligtum Pachacamacs zentnerwiese Gold schleppen, als Pachacamacs Anteil am Lösegeld für Atahualpa (geboren um 1500, ermordet am 26. Juli 1533 in Cajamarca). Über 7 Zentner sollen die filigranen Kunstwerke aus Gold gewogen haben, die die verbrecherischen Banden von Pizarro und Co. raubten. An sakralen Kunstwerken aus Silber wurden noch größere Mengen aus dem Heiligtum geraubt.

Ermordung Atahualpas; Wikipedia commons

Ich begann meinen Erkundungsgang beim Mondtempel von Pachacamac, umrundete es in immer größer werdenden Kreisen. Vermutlich hatte ich auch ohne es zu ahnen die eine oder andere Grabkammer unter meinen Füßen. Im Frühsommer 2018 entdeckten Archäologen der »Université libre de Bruxelles« eine unversehrte Grabkammer mit intakter Mumie (3). Die Mumie, so frohlockten die Wissenschaftler enthusiasmiert, war außergewöhnlich gut erhalten. Der Tote wurde vor rund einem Jahrtausend in ein Tuch aus pflanzlichen Fasern, Textilien und Baumwolle gewickelt. Der unter vielen Lagen Stoff verborgene Leichnam soll nun genauestens untersucht werden. Dabei wollen die Wissenschaftler darauf verzichten, die Mumie auszuwickeln. Vielmehr soll das Mumienbündel so bleiben wie es ist und mit modernsten Methoden aus der Medizin, etwa mit Hilfe der Computeraxialtomographie, durchleuchtet werden.

Ausgegraben hat man auch »Strukturen«, sprich Reste von Fundamenten von Gebäuden, die schon in der Vorinkazeit Pilger beherbergten, die die heiligen Stätten von Pachacamac besuchten. Ephraim George Squier beschreibt die altehrwürdige Ruinenstadt ausführlich in seinem Werk über Peru (4):

»In alten Zeiten war Pachacamac das Mekka Südamerikas. Und die Verehrung des Schöpfers der Welt, die von Hause aus rein war, bekleidete seinen Tempel mit solcher Heiligkeit, dass Pilger aus den entlegensten Stämmen her sich zu ihm hinbegaben und unbelästigt durch Stämme wallfahren durften, mit denen sie gerade im Krieg sein mochten. Natürlich erhob sich allmählich um den alten und neuen Tempel eine große Stadt, welche Priester und Tempeldiener bewohnten, und welche ›tambos‹ oder Herbergen für die Pilger enthielt. Die Wüste ist aber über die alte Stadt hereingebrochen und hat einen großen Teil derselben samt Stücken ihrer Ringmauer unter Flugsand begraben.«

Ephraim George Squiers Werk erschien in englischer Sprache bereits 1877 (5) unter dem Titel »Peru – Incidents and Explorations in the Land of the Incas«, zu Deutsch etwa »Peru – Vorkommnisse und Untersuchungen im Land der Inkas«. Vor rund 150 Jahren war Ephraim George Squier vor Ort. In den folgenden Jahrzehnten kamen kaum Fremde nach Pachacamac, dabei lag es doch recht günstig quasi vor den Toren Limas. Doch man ist fest entschlossen, Pachacamac zu einer Touristenattraktion zu machen. Touristen sollen in möglichst großer Zahl den Sonnentempel der Inkas erkunden und auch sonst zwischen Mauerresten schlendern.

Fußnoten

(1) Meldung »Mummified dogs uncovered in Peru«, »BBC News, Lima«, 23. September 2006,
Quelle: http://news.bbc.co.uk/2/hi/americas/5374748.stm (Stand 18. Juni 2018)

(2) Meldung: »Archaeologists Find More Than 100 Mummified Dogs in Peru«, 12. November 2013,
https://www.dogster.com/the-scoop/mummified-mummy-dogs-lima-peru (Stand 18. Juni 2018)

(3) Meldung: »Archaeologists discover a 1,000-year-old mummy in Peru«, 25. Mai 2018.
Quelle: https://phys.org/news/2018-05-archaeologists-year-old-mummy-peru.html

(4) Squier, Ephraim George: »Peru – Reise- und Forschungs-Erlebnisse in dem Lande der Incas«, Leipzig 1883, Seite 84 Mitte

(5) Squier, Ephraim George: »Peru – Incidents and Explorations in the Land of the Incas«, New York 1877

## 28. Bleierne Zeit über einer Wüste des Todes

Lovecrafts fiktive »Stadt ohne Namen« ist irgendwo in der »Arabischen Wüste« angesiedelt, »verfallen und stumm, ihre niedrigen Mauern beinah versunken im Sand nie gezählter Zeitalter.« (1) »Verfallen und stumm« sind heute die einst kolossalen Pyramiden von Séchin und Túcume in Peru. Sie wirken auf mich als wären sie im Verlauf von Jahrtausenden geschmolzen und hätten ihre Konturen verloren.

Der Prozess scheint unaufhaltbar zu sein. Auch heute noch, so kommt es mir vor, versinken Mauerreste im Boden. Stein für Stein werden sie vom Erdreich verschlungen, gierig und doch langsam. Diese Mauern sind kaum noch von natürlichen Formationen zu unterscheiden.

Die Pyramiden von Sipán …

Pachacamac wirkt sehr viel älter als es ist. Oder zeitlos, wie eine uralte Ruine auf dem Mars. Wäre Pachacamac von einem Filmemacher erfunden und als Kulisse errichtet worden, dann könnten dort Szenen gedreht werden, die auf einem fernen Planeten spielen. Man würde den Kulissenbauern zur Umsetzung einer düsteren Fantasie gratulieren, zur real erscheinenden Unwirklichkeit.

Aber Pachacamac ist real, keine Fiktion.

Der Gesamtkomplex von Pachacamac bestand aus Terrassen und Tempeln. Terrassen und Tempel bildeten eine komplexe »Pyramide«, wobei die einzelnen Bestandteile der Pyramide aus unterschiedlichen Epochen stammen. Es gibt Grabanlagen, die älter sind als die Tempel und Terrassen. Mauern und Terrassen wurden über den Gräbern errichtet. Ja es muss bereits ein Friedhof vorhanden gewesen sein, als sakrale Bauten darüber gesetzt wurden.

... könnten auch in Pachacamac stehen

Die ältesten Gebäude wurden vor dem Auftauchen der Inkas aus Lehmziegeln gebaut. Als die verbrecherischen »Eroberer« einfielen, da war die mysteriöse Stadt bereits über ein Jahrtausend alt. Erstaunlich gut erhalten waren bunte Fischfresken aus der Zeit vom 200 bis 500 n.Chr. Sie zeigen Fischmotive. Die ältesten Tempel wurden bereits um 200 n.Chr. gebaut. Die Menschen der »Lima-Kultur« ließen kleine Lehmziegel an der Sonne hart werden. Dann verbauten sie die »adobitos« zu Mauern. Zur gleichen Zeit entstanden zumindest einige der berühmten Linien von Nazca.

Um 650 n.Chr. nutzen die Wari das Kultzentrum, nicht nur als Zentrum für religiöse Zeremonien, sondern sie bauten auch Gebäude der weltlichen Art, für »Verwaltungsbeamte«. Mit der Andenregion trieb man Handel. Neue Gebäude wurden kaum gebaut, es wurden hauptsächlich alte Gebäude erweitert. Die Stadt wuchs und wuchs. In jener Zeit entstand der »Templo Pintado«, der »Bemalte Tempel«, von dem massive Fundamente anno 1939 von Dr. Alberto Giesecke ausgegraben wurden. Ab 1200 n.Chr. machten sich die Menschen der »Ichma-Kultur« in Pachacamac breit. Um 1450 n.Chr. kamen die Inkas, ließen die Menschen ihren Glauben und erweiterten Pachacamac um den Sonnentempel. Die Spanier fielen 1532 ein. Das bedeutete das endgültige Ende für das einst so blühende Zentrum Pachacamac.

Francisco Pizarro (* 1476 oder 1478; † 1541) hatte ein ungeheures Lösegeld für Inkaherrscher Atahualpa (geboren um 1500, ermordet am 26. Juli 1533 in Cajamarca) gefordert. Obwohl unvorstellbare Mengen an Gold und Silber aus dem gesamten Inkareich herbeigeschafft wurden, obwohl ganze Karawanen wahre Reichtümer brachten, wollte der unersättliche Pizarro noch immer mehr. Da Francisco Pizarro von gewaltigen Goldschätzen in Pachacamac gehört hatte, schickte er seinen Bruder Hernandez los, der auch das Gold und Silber der Tempel von Pachacamac als Lösegeld einfordern sollte. Von Hernandez Pizarro wissen wir nicht, wann er geboren wurde. Er starb im Jahre 1578 »hochbetagt«, als einziger der Pizarro-Brüder friedlich.

Als Hernandez Pizarro in Pachacamac eintraf, war schon ein Teil des Tempelkomplexes verfallen. Von der gewaltigen Mauer, die einst die gesamte Tempelanlage geschützt hatte, war so gut wie nichts mehr zu sehen. Sie ist wohl schon zu Beginn des 16. Jahrhunderts verfallen. In wieweit die Spanier die heiligen Gebäude der Inkas und deren Vorgänger verwüsteten, das lässt sich nicht mehr wirklich genau feststellen. Im Verlauf des folgenden halben Jahrtausends verschwand ein Großteil der einstmals so beeindruckenden Kultanlage.

Mir kam es so vor, also ob Pachacamac der Prozess des Zerfalls bereits in Urzeiten seinen Anfang genommen hat. Der Eindruck täuscht. Pachacamac ist seit Jahrhunderten, nicht seit Jahrtausenden, vom Zahn der Zeit zerfressen worden. Sehr viel besser erhalten sind die rätselhaften Pyramiden von Sipán und Túcume.

Die Túcume-Pyramiden würden auch nach Pachacamac passen

Über Mauerresten und über einzelnen undefinierbaren Brocken aus Mauerwerk und schier unendlicher Wüste hängt fast greifbar die bleischwere Zeit. Oder ist die Zeit irgendwann einmal stehengeblieben? Bei meinen Besuchen erlebte ich Pachacamac wie die Kulisse einer Verfilmung einer Erzählung von H.P. Lovecraft. Howard Philips Lovecraft (* 20. August 1890; † 15. März 1937) war, so steht es lapidar bei »Wikipedia«, ein »amerikanischer Schriftsteller.« Weiter heißt es: »Er gilt als einer der weltweit einflussreichsten Autoren im Bereich der phantastischen und anspruchsvollen Horrorliteratur.« Ich schätze die Werke von H.P. Lovecraft sehr, einfühlsam und überzeugend beschreibt er eine »Stadt ohne Namen«.

Lovecrafts einleitenden Worte kamen mir auf so mancher Reise in den Sinn, als ich in Peru unterwegs war, etwa als ich die Pyramiden Sipán und Túcume besuchte, die lange, viel zu lange keine Pyramiden sein durften. Lovecraft schreibt, und ich zitiere hier noch einmal die wunderbare Version des FESTA-Verlags (2):

»Als ich mich der Stadt ohne Namen näherte, wusste ich, dass sie verflucht ist. Ich reiste im Mondschein durch ein ausgedörrtes und grässliches Tal, und in der Ferne sah ich die Stadt schaurig aus den Dünen ragen, so, wie Leichenteile aus einem hastig geschaufelten Grab ragen mögen.« Pachacamac liegt, so habe ich das empfunden, in einer Wüste des Todes. Das mag übertrieben pathetisch klingen, trifft aber den Sachverhalt genau. In Pachacamac herrscht eine bedrückende, oder soll ich sagen, erdrückende Stille. Etwas Unbeschreibliches, Schweres lastet auf dem riesigen Areal, besonders in unmittelbarer Umgebung der Ruinen. Und genau so hat es Ephraim George Squier vor 150 Jahren empfunden.

Ephraim George Squier schreibt (3): »Nichts kann die Kahlheit und Oede des Anblicks der Ruinen übertreffen, welche so still und leblos sind wie die von Palmyra. Kein lebendes Wesen ist zu sehen, ausgenommen vielleicht ein vereinzelter Kondor, der über dem verwitterten Tempel seine Kreise zieht; nichts ist zu hören auszer dem regelmäszigen Wellenschlage des Groszen Ozeans, der sich am Fusze der Erhöhung bricht, auf welcher der Tempel stand. Esa ist hier ein Ort des Todes, nicht nur wegen seines Schweigens und seiner Unfruchtbarkeit, sondern auch als Begräbnisstätte vieler Tausende der alten Bewohner. Zu Pachacamac scheint der Raum um den Tempel herum ein einziger groszer Friedhof gewesen zu sein. Man grabe nur irgendwo in den trockenen, salpeterhaltigen Sand hinein und man wird auf sogenannte Mumien stoszen, die aber wirklich die ausgetrockneten Leichen der alten Zeit sind.« Irgendwie ist Pachacamac, nachdem die einst bombastischen Tempelkomplexe weitestgehend verschwunden waren, in der Zeit hängen geblieben. In der Einöde fiel mir jeder Schritt schwer. Jeder Atemzug erinnerte eher an Hölle als an Paradies. Und in der Wüste des Todes ruhen noch unzählige Tote. Sie sind inzwischen längst ausgedörrt.

Wie viele Tote mögen in unmittelbarer Nähe der Heiligtümer vergraben worden sein? Für wie viele Tote mögen Grabkammern geschaffen worden sein? Wie vielen Tote in Grabkammern bekamen Reichtümer mitgegeben? Und wie viel Gold- und Silber aus den Tempelheiligtümern konnte vor den Spaniern in Sicherheit gebracht werden?

Fußnoten

(1) Lovecraft, H.P.: »Stadt ohne Namen«, in H.P. Lovecraft: »Necronomicon«, erschienen im FESTA-Verlag, 3. Auflage März 2011, Seite 7, Zeilen 15 und 16 von unten. »Necronomicon« ist Teil einer sechsbändigen Ausgabe der »Gesammelten Werke« von H.P. Lovecraft. Diese Ausgabe aus dem Hause FESTA ist meiner Meinung nach die beste überhaupt.

(2) Ebenda, Zeilen 1-5 von oben.

(3) Squier, Ephraim George: »Peru – Reise- und Forschungs-Erlebnisse in dem Lande der Incas«, Leipzig 1883, Seite 84 unten und Seite 85 oben (Rechtschreibung unverändert von Squier übernommen. Man beachte: das »scharfe s« wird stets als »sz« geschrieben. Noch in meiner Jugend bezeichnete man das »scharfe s« auch als »sz«. Die Älteren werden sich noch erinnern.)

(4) ebenda, Seite 85 unten

## 29. Wo liegt der Nabel der Welt?

Ich stimme mit Ephraim George Squier überein: Auch meiner Meinung nach war Pachacamac das »Mekka Südamerikas«. Aber warum? Die Menschen kamen als Pilger zu den heiligen Tempeln, offenbar aus dem ganzen Reich der Inkas. Warum? Was machte den Ort in der Wüste so anziehend? Was zeichnete ihn aus? Am Rande von Mexico City kommen Jahr für Jahr 20 Millionen von katholischen Pilgern in der riesigen Kathedrale zusammen, weil dort alter Überlieferung nach Juan Diego auf dem Tepeyac-Hügel am 9. Dezember Maria erschienen sein soll (1). Damals kam es zum berühmten Wunder: Auf dem schlichten Umhang des Heiligen Diego erschien wie von Zauberhand ein mysteriöses Bildnis der »Jungfrau Maria«, das eigentlich gar nicht hätte entstehen können, das gar nicht existieren dürfte, und das längst wieder hätte zerfallen müssen. Selbst kritische Zeitgenossen sprechen von einem Wunder. Papst Johannes Paul II. sprach 1990 Juan Diego selig, 2002 schließlich heilig. Gab es in der Wüste bei Lima an der Küste auch ein so ungewöhnliches Ereignis, das Pachacamac zu so einem bedeutenden Pilgerort des Inkareiches machte?

Vermutlich galt der Mensch als besonders vom Glück begünstigt, dessen sterbliche Überreste möglichst nah bei den heiligen Stätten beigesetzt wurden. Ephraim George Squier schreibt (2): »Abermals tiefer begegnet man wohl noch einer dritten solcher Lagen, woraus hervorgeht, wie stark einst der Zusammenfluss von Leuten an dieser Stelle war, und wie begierig das Verlangen, einen Ruheplatz in geheiligter Erde zu finden.«

Eine Anmerkung sei mir gestattet: Ephraim George Squier vergleicht Pachacamac mit den »Ruinen von Palmyra«. Das legendäre Palmyra liegt 215 Kilometer nordöstlich von der syrischen Hauptstadt Damaskus. Schon im 7. Jahrtausend vor Christus siedelten hier Menschen. Weltberühmt war zum Beispiel der Baal-Tempel, der laut einer

Inschrift am 6. April 32 v. Chr. eingeweiht wurde. Am 30. August 2015 setzte die Islamistenmiliz dem uralten Heiligtum mit gezielten Sprengungen zu, verursache kaum zu behebende Schäden. Weltberühmt war auch der »Tempel des Baalschamin« in der Oase von Palmyra. Baalschamin gehörte zu einer Göttertriade, zusammen mit dem Mondgott Aglibol und dem Sonnengott Jarchibol. Im 4. Jahrhundert wurde der Tempel zur Kirche umgestaltet. Und am 22. August 2015 sprengte die Terrororganisation »Islamischer Staat« das Heiligtum.

Baal-Tempel von Palmyra; wikimedia commons Zeledi Longbow4u

Die Römer hatten an der Kreuzung der beiden wichtigsten Straßen Palmyras ein Tetrapylon (vierseitiges Tor-Monument) errichtet. Sie hatten unter großen Mühen sechzehn Säulen aus rosafarbenem Granit von Assuan herbeigeschafft. Der Zahn der Zeit hatte schon arg an dem herrlichen Bauwerk genagt. Nur noch eine der Säulen war ein Original, die übrigen waren durch Kopien ersetzt worden. Zwischen dem 26. Dezember 2016 und dem 10. Januar 2017 wurde das Tetrapylon fast vollkommen zerstört. Nach dem »Palmyra Monitor« (3) hat vermutlich der »Islamische Staat« das Tetrapylon, angeblich einst das schönste seiner Art, gesprengt.

Über Pachacamac liegt bedrückend bleierne Zeit, die scheinbar nur quälend langsam voranschreitet. Die Mari haben hier Tempel gebaut. Die Inkas kamen und zelebrierten ihren eigenen Kult mit dem Sonnengott im Zentrum. Die Inkas, die wir heute noch gern als blutrünstige Barbaren sehen, verhielten sich dem älteren Kult gegenüber sehr viel toleranter als die spanischen Eroberer den Menschen und der Kultur des Inkareiches gegenüber.

Es gab einen fundamentalen Unterschied zwischen dem Glauben der Ureinwohner und dem Glauben der Inkas (4). Die Ureinwohner verehrten eher das Weibliche. Erde, Mond und Nacht waren bei ihnen weiblich. Die Inkas waren eher religiös-patriarchalisch orientiert. Feuer, Sonne und Tag waren bei ihnen männlich. Mit den Spaniern kamen Vertreter des männlichen Elements in seiner schlimmsten Ausprägung nach Südamerika.

Am 16. November 1532 lockte Francisco Pizarro den Inka-Herrscher Atahualpa in eine Falle. Wie verabredet, erschien Atahualpa mit mehreren tausend Ratgebern, Offizieren und Bediensteten im Zentrum von Cajamarca. Atahualpa wurde in einer Sänfte getragen. Alle waren wie besprochen unbewaffnet. Dominikaner Bruder Vincente de Valverde trat mit einem Dolmetscher auf Atahualpa zu, erklärte sich zum Gesandten Gottes und des spanischen Throns und forderte Atahualpa ebergisch auf, den katholischen Glauben anzunehmen und sich Karl V. zu unterwerfen. Atahualpa empfand das Ansinnen des »Gottesmannes« als beleidigend.

Er soll sich nach dem fremden Glauben erkundigt haben. Nicht zuletzt dank des mäßig talentierten Übersetzers kam das Gespräch ins Stocken. Ich vermute, dass der Geistliche

Atahualpa bewusst provozieren sollte, um die unbewaffneten Inkas angreifen zu können. Warum sonst hatten sich Pizarros Gefolgsleute in den Gebäuden um die Plaza versteckt? Zahlenmäßig weit unterlegen, aber mit effektiven Waffen ausgerüstet, richteten die Spanier ein grausames Blutbad an. Tausende Gefolgsleute Atahualpas wurden niedergemetzelt, Atahualpa selbst wurde gefangengenommen. Gegen ein gigantisches Lösegeld, so versprachen die Spanier, würde der Inka freikommen. Sie hatten wohl nie ernsthaft in Erwägung gezogen, Atahualpa tatsächlich freizulassen. Zu groß war ihre Angst, Atahualpa würde sich rächen.

Atahualpa war schon ermordet, da waren immer noch unvorstellbare Schätze aus dem Inkareich unterwegs. Es soll den Inkas aber gelungen sein, die Kostbarkeiten vor den Spaniern zu verstecken. Bis heute sind riesige Mengen sakraler Kunstwerke der Inkas (vorwiegend aus Gold und Silber), die eigentlich als Lösegeld für Atahualpa gedacht waren, nicht gefunden worden. Sie werden in unterirdischen Höhlen bei Cuzco und in unterirdischen Kammern im Umfeld von Pachacamac vermutet.

Bekannt ist: Am 15. Januar 1533 machte sich Hernando mit vierzehn Reitern auf den Weg nach Pachacamac. Man kann davon ausgehen, dass Inka-Läufer lange vor den Spaniern in Pachacamac ankamen und die Tempelpriester warnten. So wurde wahrscheinlich der größte Teil des Tempelschatzes gerettet, sprich irgendwo in der Wüste vergraben.

Ich stimme, wie gesagt, mit Ephraim George Squier überein: Auch meiner Meinung nach war Pachacamac das »Mekka Südamerikas«. Aber warum? Warum wurde Pachacamac zum Kultort? Warum wurde Pachacamac zum Sitz eines großen Orakels, schon bevor die Inkas dort ihren Sonnentempel errichteten?

Warum wurden vor 6.000 bis 8.000 Jahren auf den kleinen Inseln Malta und Gozo 28 Tempel errichtet? Warum wurden mit immensem Arbeitsaufwand gigantische Steinkolosse verbaut?

Riesenwand des Riesentempels auf Malta

Warum gab es bereits lange vor der Islamisierung in Mekka ein Heiligtum (Kaaba in Mekka), das lange vor Mohammed Ziel von Wallfahrten war? Hubal (5) war ein Mondgott. Sein Bildnis, vermutlich eine Statue aus rotem Karneol, stand einst in der Kaaba. ʿAmr ibn Luhaiy soll das Abbild der alten Gottheit von einer seiner Reisen nach Mekka gebracht haben. Woher das verehrte Kunstwerk stammt, wir wissen es nicht. Angeblich stand es einst an einer Quelle. Hubal war berühmt für seine Orakel. Er würde gut zum Orakel von Pachacamac passen. Wie erfolgreich die Hubal-Orakel waren, das sei dahingestellt. Sehr hilfreich war das Orakel von Pachacamac für die Inkas offensichtlich nicht. Die Inkas sollen es häufig konsultiert haben. Wichtige Entscheidungen wurden stets erst nach Befragung des Orakels getroffen. Offensichtlich hat das Orakel die Inkas nicht vor den Spaniern gewarnt. Oder schlugen die Inkas die Prophezeiungen des Orakels in den Wind? Ja, womöglich deuteten sie nebulöse Vorhersagen falsch und schätzten die Spanier vollkommen falsch ein.

Warum wurden im doch sehr begrenzten Val Camonica in Norditalien über einen Zeitraum von vermutlich rund 10.000 Jahren hunderttausende Gravuren in den Stein geritzt?

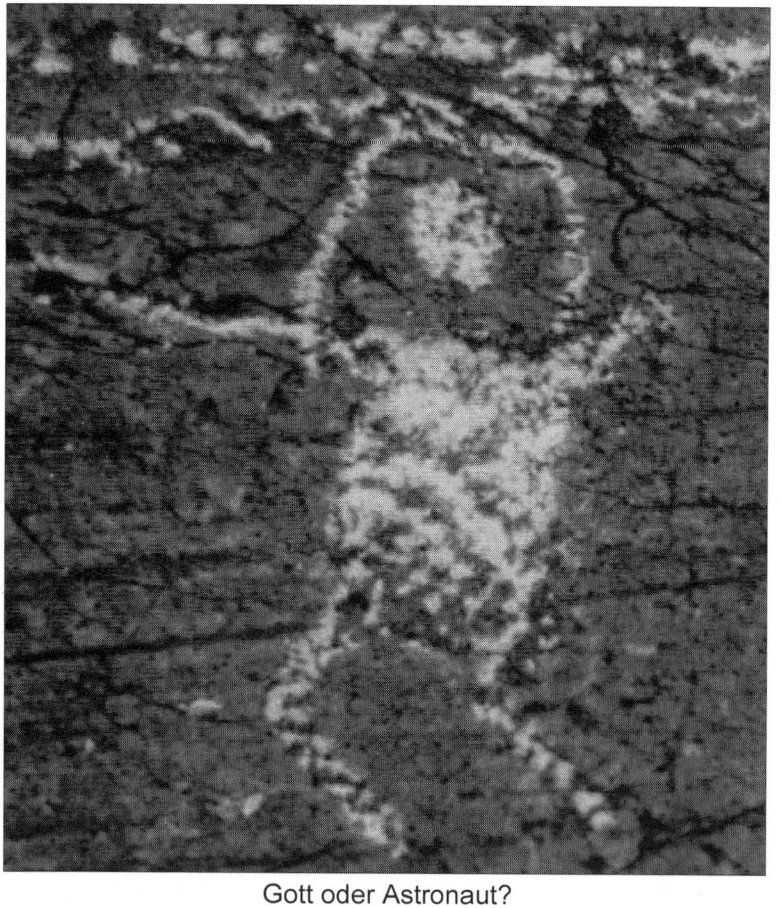

Gott oder Astronaut?
Val Camonica

In Griechenland markierte der Omphalos-Stein im Apollon-Tempel zu Delphi den »Nabel der Welt«. Das altehrwürdige Kultobjekt war ursprünglich ein Opferstein der Göttin Gaia. »Omphalos« hieß auch der kleine Tempel, der im »Forum Romanum« stand, nach dem Glauben der Römer genau am »Nabel der Welt«.

Foto: Ingeborg Diekmann

So gut wie alle Statuen waren umgestürzt, als der holländischen Admiral Jakob Roggeveen das merkwürdige Eiland am Ostermontag den 6. April 1722 »entdeckte«. So kam die Insel zu ihrem Namen. Die Eingeborenen aber nannten ihre kleine Heimat (163 Quadratkilometer) »Te Pito o Te Henua« (Nabel der Welt). Roggeveen hatte Kap Horn umrundet und war quer durch den riesigen Pazifik gesegelt, in der Hoffnung, einen bis dato unbekannten Kontinent zu entdecken. Roggeveens Vater war mit dem Projekt gescheitert: An der damals schon übermächtigen Bürokratie. Als Vater Roggeveen endlich alle Genehmigungen beisammenhatte, konnte er nicht mehr in See stechen.

Warum wurden vor »Temwen Island« (Pohnpei, Archipel der Karolinen, »Föderierte Staaten von Mikronesien«) mit gewaltigem Aufwand 92 künstliche Inseln geschaffen, um darauf teils gigantische Tempel aus Basaltsäulen zu errichten? Viel einfacher wäre es gewesen, die Tempel auf dem

Festland zu bauen, aber es musste offenbar genau dort im Meer geschehen. Warum?

Eine Monstermauer von Nan Madol

Offensichtlich gibt es auf unserem Globus Orte, die die Menschen seit Jahrtausenden wie magisch anziehen. Gläubige sehen es als ihre religiöse Pflicht an, diese Orte aufzusuchen. Sie nehmen große Strapazen auf sich, um ans Ziel zu kommen, allen Gefahren zum Trotz.

Warum sind manche Orte so besonders für religiöse Zentren geeignet? Was unterscheidet diese Orte von anderen? Was zeichnet diese besonderen Stätten aus? Was zeichnet Orte aus, die als »Nabel der Welt« bezeichnet wurden?

Hat sich an diesen Orten einstmals Wundersames ereignet? Der Sage nach wurde der erste König von Nan Madol von »Himmlischen« bestimmt, die in fliegenden Schiffen unterwegs waren. Sollte es vor Jahrtausenden wirklich Kontakte mit »Himmelsschiffen« gegeben haben? Wurden die Plätze, an denen sie landeten, für heiliggehalten? Glaubte man, sie besonders verehren zu müssen, weil sie von den »Himmlischen« auserwählt und begünstigt worden sind?

Fußnoten

(1.1) Badde, Paul: »Maria von Guadalupe. Wie das Erscheinen der Jungfrau Weltgeschichte schrieb«, Berlin 2004

(1.2) Fischinger, Lars: »Das Wunder von Guadalupe / Nicht von Menschenhand«, Güllesheim 2007

(1.3) Hesemann, Michael: »Nicht von Menschenhand – Marienerscheinungen und heilige Bilder: Mysterium – Ungelöste Rätsel der Christenheit, Band 1«, Paderborn 17. September 2015

(2) Squier, Ephraim George: »Peru – Reise- und Forschungs-Erlebnisse in dem Lande der Incas«, Leipzig 1883, S. 85 unten

(3) http://www.palmyra-monitor.net/isis-destroyed-the-tetrapylon-and-part-of-the-roman-theater-in-palmyra/ (Stand 20.06.2018)

(4) Mailahn, Klaus: »Der Fuchs als Tier der Gottheiten Altperus«, eBook, GRIN Verlag, 1. Auflage 8. September 2009, Pos. 40

(5) Nagel, Tilman: »Mohammed/ Leben und Legende«, München 2008

## 30. Voodoo-Magie für den Weltfrieden?

»Urians Reise um die Welt« heißt ein Gedicht von Matthias Clauidus (* 1740; † 1815), das kaum noch jemand kennt. Die einleitenden Worte freilich sind immer noch vielen Zeitgenossen recht geläufig: »Wenn jemand eine Reise tut, so kann er was verzählen.« Matthias Claudius lässt seinen Protagonisten Urian eine gemütliche Art des Reisens wählen: »Drum nahm ich meinen Stock und Hut, und tät das Reisen wählen.« Urian muss sehr gut zu Fuß gewesen sein, erreichte er doch im Gedicht recht schnell nacheinander den

Nordpol, Grönland, Nordamerika, Mexiko, Asien und Afrika. Die Osterinsel stand nicht auf Urians Reiseprogramm. Jakob Roggeveen hatte sie Ostern 1722, also schon zu Lebzeiten von Matthias Claudius, entdeckt. Aber selbst Abenteurer machten sich damals kaum auf, um das mysteriöse Eiland im Pazifik zu erkunden. Mich hingegen zog es immer wieder zur Osterinsel. Hannover – Frankfurt – Santiago – Osterinsel war die wohl angenehmste Route, so viel wie möglich mit Lan Chile. Vor Ort lernte ich einige kundige Führerinnen und Führer kennen. Der interessanteste Guide aber war ein gewisser »Houngan-Man«. Der erfreute sich bei den einheimischen Führern offenbar keiner großen Beliebtheit, war er doch kein »Einheimischer«, sondern ein Auswärtiger, ich glaube, ein Brasilianer.

»Houngan-Man« führte mich als erstes zum »Nabel der Welt«. »Te Pito o Te Henua« nannten die Osterinsulaner ihre Heimat. Häufig wird dieser wohlklingende Ausdruck mit »Nabel der Welt«, manchmal auch mit »Am Ende der Welt« übersetzt.

Vorbei ging es an einem in Trümmern liegenden Osterinselriesen. »Der Moai heißt ›Poro‹!«, erklärte mir »Houngan-Man«. »Noch 1938 stand er auf seiner Plattform, ragte stattliche 9,80 Meter in den Himmel.« Dann erreichten wir unser Ziel: Zunächst sehe ich, nur wenige Schritte von der Meeresbrandung entfernt, ein Steinmäuerchen, etwa kniehoch. Es besteht aus kleinen, unregelmäßigen Steinbrocken und ist nach einer Seite offen. Durch diesen Eingang betritt man den Steinkreis. In dessen Mitte liegt eine eiförmige Steinkugel mit einem Durchmesser von knapp 80 Zentimeter. Um diesen steinernen, rötlichen »Nabel der Welt« herum liegen vier kleinere, nicht ganz so runde, sondern eher flache Steine.

Die vier Steine, so erfahre ich, stellen die vier Windrichtungen dar. Die schützende, niedrige Steinmauer, so erfahre ich weiter, soll erst nach 1975 erstanden sein. Angeblich ist sie auf Fotos von 1975 und davor noch nicht zu sehen. Wer sie gebaut hat und warum? Eine Antwort konnte mir niemand geben. Seltsamer Weise wird sie offenbar, von wem auch immer, verändert. Mal ist die »Öffnung« sehr schmal, manchmal etwas weiter. Manchmal ist sie zum Meer hin, manchmal landeinwärts geöffnet. Die kleineren Steine werden häufig als »Hocker« benutzt.

Im Inneren des Mäuerchens ... mysteriöse Steine

Der eiförmige Stein, so hörte ich wiederholt vor Ort, habe ursprünglich im Norden der Osterinsel gelegen und wurde, angeblich »vor sehr langer Zeit«, vom »Ahu A Kapu« im Norden zum »Ahu Te Pito Kura« geschafft worden. So ein »ahu« bestand ursprünglich aus einer steinernen Plattform, auf die eine steinerne Rampe führte. Oben auf der Plattform standen stolze »Moais«, die berühmten Kolosse der Osterinsel. Sie trugen »Hüte«, »Frisuren« oder »Helme« aus rotem Stein. Um die Plattform herum, so erklärte mir nicht nur der »Houngan-Man« liegen die Ahnen begraben. Auf diesen Gräbern liegen viele flache Steine. Zudem gehörte einst zu jedem »ahu« ein »rechteckiger Vorplatz für zeremonielle Feste«.

Ein Geistlicher erklärte mir im Gespräch nach dem sonntäglichen Gottesdienst, dass es bei diesen »Festen« um »nach strengen Vorschriften abgehaltene Riten« gegangen sei. Angeblich sind diese Riten auch heute noch Eingeweihten bekannt, Fremde werden allerdings nicht in das Wissen um die Riten und Rituale eingeweiht. Auch nicht alle Jugendlichen lernen, was die Wissenden nur »Würdigen« anvertrauen. »Das müssen wir verstehen!«, meinte der Geistliche. »Aber wir ›Fremden‹ haben den Menschen der Osterinsel in den vergangenen 300 Jahren nur Leid, Elend, Tod und Verderben gebracht! Wissende begegnen uns nach wie vor mit Misstrauen!«

Wer die Osterinsel besucht, sollte unbedingt an einem österlichen Gottesdienst teilnehmen. Bevor der Geistliche »übernimmt«, singen Einheimische mit Begeisterung altes Liedgut. Die Stimmung ist unbeschreiblich: Lebensfreude pur. Gesungen wird voller Inbrunst, laut und mit ansteckender Begeisterung. Wenn ich da an den drögen, sich meist zäh dahinschleppenden Singsang in unseren Kirchen denke!

Offenbar ist es mir gelungen. das Vertrauen des »Houngan-Man« zu gewinnen. Er erzählte mir von einer »Voodoo-Zeremonie« die er abhalten würde. Nachdem »Houngan-Man« mich eingeladen hatte, als stiller Beobachter teilzunehmen, spendierte ich fünf Flaschen Whisky einer bekannten Edelmarke und zwei Stangen Zigaretten. »Houngan-Man« versicherte mir, es werde keine Tieropfer geben.

Wie lange dauerte das Ritual? Was war Ritual, was war Vorbereitung? Ich war als stiller Beobachter von Sonnenaufgang bis Sonnenuntergang dabei. Aktiv mitgewirkt haben sieben junge Männer, nämlich vier Chilenen, zwei Peruaner und ein »Houngan-Man«, der die »magische Zeremonie« leitete. Zunächst warteten wir am Steinbruch auf ein

»himmlisches Zeichen«. Als ein heftiger Schauer über uns prasselte, verkündete »Houngan-Man«, jetzt könne es los gehen. Jetzt musste nur noch der richtige Ort für das Ritual gesucht werden. In zwei Jeeps ging es über »Stock und Stein« zur Küste. Manchmal konnten wir schlechte Feldwege nutzen, mussten allerdings immer wieder Geröll von der Straße räumen. Und endlich schenkte uns der Himmel den schönsten Regenbogen meines Lebens.

Wie eine im wahrsten Sinne des Wortes himmlische Erscheinung wuchs er aus dem vom Regen aufgepeitschten Meer und schlug eine Brücke aus traumhaft schönem Licht von schaumgekrönten Meereswogen zum Land. »Erzulie hat uns ein Zeichen gegeben, Erzulie sei Dank!« frohlockte »Houngan-Man«. Wenige Minuten später änderte sich das Wetter im wahrsten Sinne des Wortes schlagartig. Starke Windböen hatten die dichte Wolkendecke aufgerissen und weit aufs Meer hinausgetrieben. Der Himmel war wieder unschuldig babyblau.

Wir hatten, so kam es uns vor, genau die Stelle erreicht, an der der Regenbogen das Land berührt hatte. Aus Steinbrocken unterschiedlicher Größe errichteten wir nach den Anweisungen des Priesters nur wenige Meter vom Strand entfernt ein etwa fünfzehn Zentimeter hohes Mäuerchen. Das Ergebnis mehrstündiger Schufterei, die mir blutige Hände bescherte: Ein steinernes Quadrat, etwa zweimal zwei Meter »groß«. Es war nur dem »Houngan-Man« erlaubt, das Innere des »Tempels« betreten. Im Zentrum des Quadrats legte er Pappe aus. Darauf zeichnete er mit kalkähnlichen weißlichen kleinen Steinkörnern ein kleines Quadrat. Von Zentrum aus führten vier Linien durch die Ecken des Quadrats zu kleinen Häufchen aus dem gleichen Material. Im geometrischen Zentrum des Quadrats platzierte der »Houngan-Man« einen eiförmigen Stein, den er gefunden hatte. Das war der »Altar«. Erst jetzt begann die eigentliche »Zeremonie«.

»Ich beginne mit dem Opfer!«, verkündete »Houngan-Man«. Die von mir gestifteten Whiskyflaschen standen zur Verfügung. »Houngan-Man« nahm einen kräftigen Schluck und goss den größten Teil des hochprozentigen Getränks ins Meer. Dann kamen die Zigaretten ins magische Spiel. Eine Zigarette steckte sich der »Houngan-Man« an, alle anderen zerfetzte er und streute sie auf die Pappe. Ein batteriebetriebener Kassettenrekorder kam zum Einsatz. Songs von Elvis Presley erklangen. Die sechs Männer aus dem Team des »Houngan-Man« begleiteten die Musik auf drei großen und drei kleinen Trommeln. Mit kleinen eisernen Schlegeln droschen sie auf ihre Instrumente ein. Vier Stunden sang Elvis, vier Stunden wurde getrommelt, vier Stunden murmelte »Houngan-Man« Gebete. Und vier Stunden benötigten angeblich vier Erdgeister, um aus den vier Himmelsrichtungen zu erscheinen. Der »Houngan-Man« schien sie zu sehen, für mich blieben sie unsichtbar. Der Rekorder wurde abgestellt, Elvis verstummte.

Der »Houngan-Man« warf weißliche, kalkähnliche Steinchen in die vier Himmelsrichtungen, bekreuzigte sich, drehte sich dabei einmal im Kreis. Ich habe es mir genau eingeprägt: Während er gen Osten blickte, berührte er mit einer Hand seine Stirn. Als er gen Westen schaute, berührte er seine Brust, gen Norden schauend seine linke Schulter, gen Süden blickend seine rechte Schulter. Dabei schrie er etwas wie »Linsahmawu, Vuvulivhawe« und segnete die Erde. Eine lange, für mich unverständlich Litanei schloss sich an. Laut rief der »Houngan-Man« wohlklingende Namen angeblich wichtiger Geister.

Schließlich setzte er sich und ließ einen monotonen Sprechgesang vernehmen. Das zog sich eine gefühlte Ewigkeit hin. Nach etwa drei Stunden entzündete er Priester vier Kerzen, die er um den Altarstein platzierte.

Ich muss zugeben: Langsam bereute ich, die Einladung zur Zeremonie angenommen zu haben. Ich sehnte mich nach meinem Bett in der kleinen Familienpension. Einfach gehen wollte ich aber auch nicht. Meine Geduld wurde hart auf die Probe gestellt. Es folgte eine lange Litanei von seltsamen Namen. Als der »Houngan-Man« endlich verstummte, wollte ich schon erleichtert aufspringen. Doch die Zeremonie war noch nicht beendet! Eine gute Stunde saßen wir alle schweigend. Endlich setzte wieder Regen ein und löschte die Kerzen. Erneut kam der Kassettenrecorder zum Einsatz, erneut schlugen die sechs Männer auf ihre Trommeln ein, erneut wurde etwa vier Stunden lang »musiziert«. Ich musste sitzen, »Houngan-Man« durfte im steinernen Viereck auf und ab schreiten. Dabei brüllte er seltsame Namen gegen immer heftiger werdenden Wind.

Echte Magie ... oder fauler Zauber?

Endlich verstummte die Musik. Der »Houngan-Man« löste nach und nach Steine aus der quadratischen Umrandung und warf sie ins Meer. Er tat das bedächtig, routinemäßig. Er schrie für mich Unverständliches, vielleicht

Zaubersprüche oder Namen von Geistern. Schließlich hatte selbst die Sonne genug und versank im Meer. Die kleine Mauer war Stück für Stück im Meer versunken. Das Team hatte dabei den »Houngan-Man« tatkräftig unterstützt. Ich durfte nicht mitmachen. Der »Houngan-Man« beendete endlich die Zeremonie, indem er den letzten Stein und die Pappe ins Meer warf.

Spät am Abend erklärte mir der Priester, er habe einen Voodoo-Ritus zelebriert, vier Erdgeister herbeigerufen. »Sie mussten von weit, weit herkommen, deshalb mussten wir ihnen viel Zeit lassen.« Er habe die Geister beschworen, sie inständig gebeten, von der friedlichen Kraft der Osterinsel gespeist, in alle vier Himmelsrichtungen auszuschwärmen und positive Energie über die Erde zu verteilen. Wie er mir weiter versicherte, würde er ähnliche Zeremonien in verschiedenen Staaten Südamerikas, aber auch auf einigen anderen Südseeinseln abhalten. So würde er für den Weltfrieden arbeiten. Leider habe sein Vater mit »bösen Geschäften« in Brasilien viel Unheil angerichtet. Auf dem Totenbett habe er ihn, seinen Sohn gebeten, durch Voodoo-Magie sein Unrecht so weit wie möglich wieder ungeschehen zu machen. »Ich erbte ein nicht unerhebliches Vermögen, ließ mich auf Haiti zum Voodoo-Priester ausbilden und erfülle nun schon seit Jahren den letzten Willen meines Vaters.«

Als ich spät abends wieder in meinem Hotelzimmer müde von einem langen Tag das Licht löschte, konnte ich dennoch lange nicht einschlafen. Was hatte ich erlebt? Ein wirkliches magisches Voodoo-Ritual, einen Beitrag zum Weltfrieden? Oder war ich Betrügern aufgesessen? Insgesamt hatte ich fast drei Tage ich mit den geheimnisvollen sieben Männern verbracht. Sie haben kein Geld gefordert, ich habe nichts bezahlt, ein »Trinkgeld« lehnten sie entrüstet ab. Verdient haben sie mit der mysteriösen Prozedur also nichts.

Fotografieren durfte ich nicht. Der Voodoo-Priester selbst hat in einer kurzen »Verschnaufpause« am Nachmittag mit meinem Fotoapparat einige Aufnahmen vom »Altarstein« mit der seltsamen Symbolzeichnung gemacht.

Bevor wir uns verabschiedeten, fragte ich »Houngan-Man« nach den Zombies von Haiti. »Stecken die Voodoo-Priester dahinter?« Mein Gesprächspartner wurde sehr ernst. »Es gibt weiße und schwarze Magie. Ehrbare Voodoo-Priester tun nichts Böses. Sie helfen den Menschen. Sie setzen sich nicht über Leben und Tod hinweg. Manche Voodoo-Zauberer aber überschreiten Grenzen, die kein Mensch auch nur antasten dürfte. Sie kennen das Geheimnis der Zombies. Rechtschaffene Voodoo-Priester wenden es aber nicht an, Schwarzmagier hingegen schon.« Ich fragte nach: »Worin besteht das Geheimnis?« Eisiges Schweigen war die Antwort.

Jahrzehnte sind seit jenem merkwürdigen Ritual auf der Osterinsel verstrichen. Bis zum heutigen Tage weiß ich nicht wirklich, wie ich es bewerten soll.

Vielleicht war alles »fauler Zauber«. Möglich ist das natürlich. Vielleicht machten sich die sieben Männer lustig über mich, den dummen Touristen aus Deutschland. Vielleicht war die angeblich magische Zeremonie für den Weltfrieden Schmierentheater vom Feinsten. Vielleicht wurde ich einfach nur hinters sprichwörtliche Licht geführt. Aber warum? Gauner wollen in der Regel ihre Opfer abkassieren. Ich habe keinen Cent bezahlt. Zigaretten und Whisky wurden »geopfert«, nicht von dem »Voodoo-Priester« und seinem Team konsumiert. Und wenn die »Zeremonie« doch nur Larifari war? Dann hat der »Houngan-Man« nichts für den Weltfrieden getan. Dann hat er aber, so traurig das ist, zwar nichts erreicht, er hat aber auch den Frieden nicht gefährdet. Leider kann man das von so manchem Politiker nicht sagen. So mancher Politiker schadet leider dem Weltfrieden massiv. So mancher Politiker scheint aktiv für den Krieg zu arbeiten.

## 31. Putsch auf der Osterinsel?

Ein Besuch im Orongo-Kultzentrum ist für jeden Osterinselbesucher ein Muss. Man kann vom »Museo Antropológico Sebastián Englert« in »Hanga Roa« aus zu Fuß zum Kraterrand des »Rano Kau«-Vulkans empor wandern. 320 Meter hoch ist er Schildvulkan im Südwesten des mysteriösen Eilands. Wer freilich einen gemütlichen Spaziergang erwartet, wird sich wundern. Je nach Kondition und Schwere der Kameratasche ist man nach zwei Stunden am Ziel. Wenn man seinen Rucksack aber immer wieder absetzen und pausieren muss, kann es auch länger dauern.

Sehr viel schneller geht es mit Leihpferd, Leihmotorrad, Leihwagen oder Taxi. »Transportmittel« Pferd ist ohne Zweifel für sportliche Menschen mit Abenteuerlust ideal. Aber nicht jeder Reisende möchte dem russischen Präsidenten Putin nacheifern. Außerdem: Wohin beim Ritt mit der Kammerausrüstung? Und wer hält das Pferd, solang man das »Orongo-Kultzentrum« erkundet? Einige Stunden sollte man schon einkalkulieren.

Die motorisierte Anfahrt ist natürlich die unsportlichste. Man müsste Monate auf der Osterinsel verbringen, um sie ausgiebig zu erkunden. Die Osterinsel hat aber so viele interessante Stätten zu bieten, dass es auch bei einem längeren Aufenthalt nicht möglich ist, alle zu besuchen. Ich bin lieber unsportlich auf der Osterinsel unterwegs und sehe mehr, als wenn ich mich sportiv zu Fuß auf den Weg mache. Mit dem PKW gelangt man auf recht ordentlicher Straße an den südlichen Kraterrand des »Rano Kau« Vulkans.

Ich empfehle mindestens zwei Besuche im »Orongo-Park«: Einen unter Leitung eines örtlichen Führers, einmal allein. Vorbei geht es am schweigenden Vulkan.

Der »Rano Kau« Krater

Vor einer Million Jahren brach er aus, am Meeresboden, spie gigantische Lavamassen aus, die einen Kegel bildeten, der ein gutes Stück über die Wogen des Pazifiks gen Himmel ragte. Insgesamt sind es drei Vulkane, die die Osterinsel entstehen ließen. Wer unter Höhenangst leidet, wagt sich besser nicht an den Kraterrand. 200 Meter fällt er steil ab. Im Inneren des Kraters hat sich ein Süßwassersee gebildet. Totora-Schilf bedeckt einen großen Teil der Wasseroberfläche. Es sieht so aus, als wäre da eine grüne Welt mit einem Netz aus kleinen »Seen« und »Flüssen« überzogen.

Wen die 200 Meter bis zum Wasserspiegel erschauern lassen, der sollte sich unbedingt der Südspitze der Osterinsel vor dem »Rano Kau« fernhalten. Da geht es nämlich 300 Meter senkrecht in die Tiefe. Tief unten wütet der oft gar nicht so friedliche Pazifik, so als wolle er die Insel abtragen. Man muss diesem Abgrund sehr nahekommen, will man die geheimnisvollen Reliefs studieren, die vor vielen Jahrhunderten in den Stein geritzt und gehämmert wurden. Um

1500 n.Chr. sollen sie entstanden sein, als man sich vom vorherrschenden »Ahnenkult« ab- und dem neuen »Vogelmannkult« zuwandte. Es ist nicht wirklich bekannt, wann der »Vogelmannkult« aufkam und wann die »Ahnen« nicht mehr im Zentrum der Verehrung standen. Es ist auch nicht wirklich bekannt, warum von einem zum anderen Kult gewechselt wurde.

Auch in Kreisen der Wissenschaft wird letztlich nur spekuliert. So schreibt Dr. Georgia Lee, Herausgeberin des »Rapa Nui Journal« in ihrer Abhandlung (1) »Die Felsbilder-Kunst auf Rapa Nui« (2): »Die berühmten Orongo-Petroglyphen sind relativ gut bekannt. Gefährlich nahe an den Rand dreihundert Meter hoher Klippen gesetzt, findet sich dort eine bemerkenswerte Sammlung von Petroglyphen, von denen die meisten einen ›Vogelmann‹ – eine Kombination von Mensch und Fregattvogel – darstellen. Das Motiv des Vogelmannes war um etwa 1500 n.Chr. sowohl ein religiöses Symbol als auch das Symbol der Machtübernahme durch die Kriegsklasse. Nach Meinung vieler Wissenschaftler war dieser Machtwechsel das Ergebnis von ökologischen Belastungen und Bevölkerungsdruck.«

Nach Ansicht von Dr. Georgia Lee riss die Kriegerklasse die Macht an sich, als der König als Vertreter der alten Ahnenreligion die drängenden Probleme nicht lösen konnte. Gab es also eine Revolution auf der Osterinsel? Stürzten die »Militärs« in einer Krise den alten König? Putschten sich Vertreter der »Kriegsklasse« an die Macht? Schufen sie eine neue Religion?

Es wird sehr viel spekuliert in Sachen Osterinsel, auch von vermeintlich »wissenschaftlicher« Seite. Dabei wissen wir sehr wenig über die Entwicklung der Religion auf dem Eiland der steinernen Statuen. Auch Dr. Lees Überlegungen sind, wenn auch aus berufenem Munde, reine Spekulation.

Statuen – Denkmäler für die Ahnen

Nutzten die »Militärs« eine existenzbedrohende Krise, um die alte Religion abzuschaffen und durch eine neue zu ersetzen? Im Zentrum der alten Religion soll ein Ahnenkult gestanden haben. Es wird immer wieder behauptet, die riesigen Steinstatuen würden die verehrten Ahnen darstellen. Sollte die These in Sachen Militärputsch stimmen, hörte man dann beim Wechsel zum »Vogelmannkult« mit dem Bau der Statuen auf? Hat man den Glauben an die Ahnen nicht nur ad acta gelegt, sondern auch ihre Statuen von den Sockeln gestürzt?

Wir wissen nicht, ob es tatsächlich einen abrupten Wechsel vom alten zum neuen Glauben gab. Wir wissen nicht, ob nicht beide Kulte zumindest einige Zeit lang nebeneinander praktiziert wurden. Was wir wissen: Der »Vogelmannkult«, der im Zeremonialzentrum von Orongo seinen »Vatikan« gehabt haben mag, war auch in der zweiten Hälfte des 19. Jahrhunderts von großer Bedeutung für die Osterinsulaner. Auch als das mysteriöse Eiland der steinernen Riesen schon längst christianisiert worden war, starb er immer noch nicht aus. Alfred Metráux (* 1902; † 1963), ein »Papst« der Osterinselforschung, konstatiert in seinem Klassiker (3), dass der Kult zu Beginn des 20. Jahrhunderts noch »gelebt« habe (4). Aussagen über den Kult, so Metráux, gab es noch jede Menge, allerdings war vieles widersprüchlich. In seinem Buch »Ethnology of Easter Island«, 1971 erschienen, schreibt Metraux: »Der Vogel-Kult starb erst vor 50 Jahren aus.«

Über viel gesichertes Wissen zum »Vogelmannkult« verfügen wir kaum. Bekannt ist: Die Osterinsulaner versammelten sich zu Beginn der Brutzeit der Ruß-Seeschwalbe, also irgendwann zwischen Juli und September, im Zeremonialzentrum von Orongo. Einige junge Männer mussten nun die 300 Meter hohe senkrecht aufsteigende Felswand so schnell wie möglich hinabsteigen, sich in die Fluten stürzen und etwa 1.500 Meter bis zum Inselchen »Motu Nui« schwimmen. Allein schon wegen der gefährlichen Strömungen im Pazifik war das alles andere als ein einfaches Unterfangen. Außerdem wimmelte es nur so von Haien auf dem kurzen Weg. Wer nicht von einer der unberechenbaren Strömungen abgetrieben wurde, musste damit rechnen, von einem Hai gefressen zu werden. Wer den Wettbewerb gewinnen wollte, der musste das Inselchen erreichen, an Land klettern und nach dem ersten Ei einer Ruß-Seeschwalbe suchen. Der erste, der so ein Ei gefunden, allen Gefahren zum Trotz in einem Schilfkörbchen zur Osterinsel gebracht hatte, wurde zum »Vogelmann« erklärt.

Unklar ist, wo das Abenteuer endete. Wo lag das Ziel? Am Fuße der steilen Felsklippe? Oder musste erst die Steilklippe erklommen und das Orongo-Zeremonialzentrum wieder erreicht sein?

Vielleicht war es auch anders: Jeder Stammeshäuptling bestimmte einen sportlichen Schwimmer. Zum »Vogelmann« wurde dann nicht der todesmutige Schwimmer selbst, sondern sein »Häuptling« ernannt. Der »Vogelmann« vollzog als erstes eine Amtshandlung, die so manchem Osterinsulaner den Tod brachte. Um sich die Schicksalsmächte gewogen zu machen, bestimmte der neue »Vogelmann« eine Reihe von Menschen, die geopfert wurden. Das konnte sehr schnell zu blutigen Stammeskriegen führen.

Der neue »Vogelmann« hauste, so wurde mir das wiederholt auf der Osterinsel erzählt, in einer abgeschiedenen Höhle. Andere Inselbewohner berichteten, dass der »Vogelmann« in einem abgelegenen Haus wie ein Gefangener leben musste. Fünf Monate lang durfte er sich nicht waschen. Fünf Monate lang durfte er sich die Haare nicht schneiden lassen. Man muss annehmen, dass der neue Herrscher schon nach einigen Wochen gewöhnungsbedürftig aussah und gerochen hat. Frauen durften sich ihm nicht nähern, auch nicht die eigene Ehefrau. Dieser Verzicht dürfte den Damen nicht schwergefallen sein.

Von der Orongo-Klippe aus sieht man vor allem einen schier unendlich weiten Horizont und drei kleine Inselchen. »Motu Nui« ist am weitesten entfernt (1,5 Kilometer). Kleiner und nahe bei »Motu Nui« liegt »Motu Iti«, 1,6 Hektar »groß«. Die kleinste der drei Inselchen, »Motu Kao Kao«, 0,1 Hektar »groß« ragt wie eine Speerspitze aus den Wogen. Wiederholt habe ich versucht, zu »Motu Nui« zu gelangen. Es hat nicht geklappt. Beim letzten Versuch kamen wir mit unserem Bötchen bis auf wenige Meter an das ersehnte Ziel heran. Unser Bootsführer ließ dann aber abdrehen. Die Brandung sei viel zu gefährlich, um das kleine Eiland zu betreten.

Ich habe den Eindruck, dass es alles andere als erwünscht ist, dass Touristen die mysteriöse Insel »Motu Nui« betreten. Das muss man akzeptieren, auch wenn es schwerfällt. Angeblich gibt es in Höhlen auf dieser kleinen Insel noch perfekt erhaltene Felsmalereien, die Szenen aus der Mythologie der Osterinsel zeigen. Zu sehen sein sollen unter anderem Vogelmann-Wesen, halb Mensch und halb Vogel.

»Moto Nui«, »Moto Iti« und »Moto Kao Kao«

Solche Kreaturen wurden einst in großer Zahl in das poröse Vulkangestein der Osterinsel geritzt und gemeißelt, angeblich mit primitivem Werkzeug, etwa aus Basalt. Es gibt kaum noch wirklich gut erhaltene Exemplare. Die schönsten findet man im Orongo-Zeremonial-Zentrum, just an der Stelle, an der einst die Kandidaten im Wettkampf »Wer wird Vogelmann des Jahres?« vermutlich in die Tiefe kletterten.

Offenbar gab es eine Verbindung zwischen dem »Vogelmann-Kult« und dem Gott »Make Make«. »Make Make« war es, der der Legende nach die Vorfahren der Osterinsel rettete. Damals soll es eine Sintflut in der Südsee gegeben haben. »Make Make«, so sagt die Legende, entführte den Priester eines untergehenden Reiches im Westen der Osterinsel durch die Lüfte. Er zeigte ihm die Osterinsel. Und gerade noch rechtzeitig wurde das gesamte Volk, nachdem sieben mutige Seeleute die Angaben des Priesters überprüft hatten, evakuiert. Die Osterinsel wurde die neue Heimat. »Make Make« findet sich als Ritzzeichnung oder Halbrelief sehr häufig auf der Osterinsel, auch im Bereich des »Orongo-Kult-Zentrums«, sehr oft bei Darstellungen des »Vogelmann-Kults«. Es muss eine Verbindung gegeben haben. Womöglich gehörte »Make Make« zum »Vogelmann-Kult«.

Vogel-Mensch-Gravur, oben Original, unten Nachzeichnung

Die »Vogel-Mensch-Mischwesen« scheinen in die Tiefe zu springen. Woher, wohin? Wir wissen es nicht. Nach vorsichtigen Schätzungen gibt es noch 5.000 Petroglyphen auf der Osterinsel. 4.000 davon sind bereits erfasst. Wie viele steinerne Reliefs in unzugänglichen Höhlen nur Eingeweihten bekannt sein mögen? Wie viele derlei Schnitzwerk noch unter dem Erdreich schlummern mag? Eingeweihte wissen angeblich, wo was zu entdecken ist. Sie schweigen aber. Und die mit Erdreich bedeckten Kunstwerke im weichen Gestein sind sehr viel besser geschützt als jene, die Wind und Wetter ausgeliefert sind.

Vogelmenschen springen … wohin?

Fußnoten

(1) Barthel, Thomas S. et al.: »1500 Jahre Kultur der Osterinsel/ Schätze aus dem Land des Hotu Matua«, Ausstellungskatalog, Mainz 1989, S. 109-115
(2) Ebenda, S. 109, Zeilen 1-11
(3) Métraux, Alfred: »Ethnology of Easter Island«, Honolulu, Hawaii, 1971
(4) Ebenda, Seite 331, 1. Drittel von unten

## 32. Vogelmannkult und einer, der durch den Himmel stürzte

Dr. Georgia Lee, Herausgeberin des »Rapa Nui Journal« schreibt in Ihrer Abhandlung (1) »Die Felsbilder-Kunst auf Rapa Nui« – Konkretes zum mysteriösen »Vogelmann-Kult« (2): »Die Teilnehmer am Vogelmann-Ritual mussten versuchen, auf der kleinen Insel Motu Nui ein Ei der schwarzen Seeschwalbe zu finden. Ursprünglich hatte dieses Frühlingsfest wahrscheinlich metaphysische und religiöse Bedeutung und hing mit der Wiedergeburt und Erneuerung der Natur zusammen. In den Händen der Kriegerklasse wurde es zu einem Instrument der Beherrschung der Insel.«

Dr. Lees Aussage über den Wechsel von der Ahnenverehrung zum monotheistischen »Make Make« ist Spekulation, aber durchaus logisch. Tatsächlich trifft ihre Beschreibung auf so manche Religion zu. Aus Sicht eines totalitären Herrschers ist es der Idealfall, seinen Untertanen den alten Glauben zu nehmen und einen neuen aufzudrängen. Entwurzelte lassen sich am besten beherrschen. Das wusste wohl auch Konstantin der Große, als er ab 325 immer stärker das Christentum favorisierte. Dabei ist mehr als umstritten, ob Konstantin dem neuen Glauben huldigte.

Bis zur »Mailänder Vereinbarung« im Jahr 313 wurden Christen verfolgt, ihr Vermögen konfisziert und ihre Kirchen angezündet. Das Christentum wurde zur erlaubten Religion. Die Bedeutung des Christentums wuchs und wuchs kontinuierlich. Allerdings ließ Konstantin noch anno 326 seine Frau Fausta und seinen ältesten Sohn Crispus ermorden. Es scheint so, dass der Kaiser nicht wirklich und wenn, dann nicht frühzeitig zum Christentum wechselte. Ich vermute, dass Konstantin schlicht und einfach Realpolitiker war, der die starke Gruppe der Heiden in seinem Reich nicht verprellen wollte. Christus übernahm nach und nach die Rolle des Sonnengottes Sol. Als Alleinherrscher wollte Konstantin schließlich seine Machtposition zementieren, seine Untertanen einen, indem er massiv ein gesamtes Reich mit einem Glauben anstrebte. Als »Isapostolos« ließ er sich mit schöner »Bescheidenheit« als »den Aposteln Gleicher« bezeichnen.

Was wissen wir über den »Vogelmann-Kult« der Osterinsel? Der mächtige Gott »Make Make« wurde als Retter gefeiert und verehrt, dem man es zu verdanken hatte, nicht mit der alten Heimat in den Fluten des Pazifiks unterzugehen, sondern eine neue Heimat, die Osterinsel zu finden. Wir wissen, dass »Make Make« irgendwie zum »Vogelmann-Kult« gehörte. Im Zeremonialzentrum von Orongo wurde in Petroglyphen »Make Make« häufig vereint mit »Vogelmännern« gezeigt. Dabei fällt auf, dass auch Make Make manchmal wie die »Vogelmänner« als Mischwesen aus Tier und Mensch gezeigt wird. Die »Vogelmänner« scheinen oft von irgendwo in die Tiefe zu springen. Sehr interessant ist in diesem Zusammenhang, wie Egbert Richter-Ushanas, ein Experte auf dem Gebiet der geheimnisvollen Osterinselschrift, einen Text entzifferte und übersetzte, der in der Fachwelt als »Aruka Kurenga« bekannt ist (3):

»Durch den Himmel gestürzt kam Hotu Matua von jenem Land in dieses Land, und er ließ sich nieder im Nabel des Himmels.« (4) Ich halte es für sehr wahrscheinlich, dass es ursprünglich eine »Naturreligion« im Reich der steinernen Giganten gegeben hat. Naturerscheinungen wie Gewitter wurden den Göttern zugeschrieben. Als dann »Astronautengötter« (»Make Make« und Team) das Eiland (oder eine andere Insel in der Südsee) besuchten, hielt man sie für »Himmlische«. Auch das ist Spekulation.

Motu Kao Kao und Motu Iti; Foto Ingeborg Diekmann

Suchen wir nach harten Fakten, nach im wahrsten Sinne des Wortes steinharten Fakten. Als ich mich auf meinen ersten Besuch der Osterinsel vorbereitete, da versuchte ich so viele Informationen wie nur möglich zu sammeln. So erfuhr ich, dass die Osterinsulaner angeblich alljährlich in feierlicher Prozession zum »Rano Kau«-Vulkankegel emporzogen, um dann das »Zeremonialdorf« zu beziehen. Dort wartete man den Ausgang des Wettbewerbs »Wer bringt das erste Ei« ab. Das »Zeremonialdorf« gibt es tatsächlich. Ich muss zugeben: Als ich die steinernen Häuser sah, war ich doch mehr als nur etwas enttäuscht. 52 (oder 53) Steinhäuschen gab und gibt es. Sie sind aus flachen Natursteinplatten mörtellos gebaut. Fenster haben die Häuschen keine, nur einen Eingang Richtung Pazifik, den man freilich aus dem Inneren der Häuschen nicht sehen kann. Die »Türen« sind im Schnitt nur etwa 50 Zentimeter hoch. Da die

Mauern unverhältnismäßig dick sind, muss man durch einen etwa einen halben Meter »hohen« Tunnel kriechen, um dann in einem Räumchen zu landen, das ein aufrechtes Stehen unmöglich macht.

Häuschen des »Zeremonialdorfs«

Alfred Métraux weiß zu berichten (5): »Die Zeremonien und Festgelage im Zusammenhang mit dem Vogelkult wurden in Orongo, an den Hängen des Rano-kao an der Südwestspitze der Insel durchgeführt. Das »Dorf Orongo« liegt auf dem schmalen Grat, der das Meer vom Kratersee trennt. Es war vorübergehend während des jährlichen Fests bewohnt und den Rest des Jahres über verlassen.« Die Bevölkerung der Osterinsel muss mehr als überschaubar gewesen sein, wenn alle Bewohner in den kleinen Häuschen des »Orongo Dorfs« untergebracht worden sein sollen. Kleinwüchsigkeit wäre dann von erheblichem Vorteil gewesen.

Welchem Zweck mag das »Zeremonialdorf« gedient haben? In der lebenden Mythologie heißt es, dass in einem der Häuschen der »Vogelmann« höchstselbst hauste. Seine Ansprüche müssen mehr als bescheiden gewesen sein. Belegten Priester- und Dienerschaft die übrigen Häuschen?

Bei meinem ersten Besuch konnte ich mich noch vollkommen frei in Orongo bewegen. So bin ich auch in das eine oder das andere Häuschen gekrochen. Ich bin mir bis heute nicht sicher, ob ich mich im Inneren einer kleinen Wohnung mit Zugängen zu Nachbarwohnungen rechts und links befunden habe. Oder bestand so eine Wohnung aus Haupt- und Nebenraum oder Nebenräumen? Ich erkundete einige Häuschen, die neben einem zentralen Raum über zwei oder drei Nebenräume verfügen. Keiner dieser Räume hatten Fenster. Das einzige Licht kam durch die winzige Tür. Die Luft war in allen Räumen stickig. Wie dem auch sei: Die Häuser boten im Inneren eher einen Korridor von unterschiedlicher Länge. Einige der Häuschen habe ich ausgemessen. Die kleineren waren fünf Meter, größere bis zu 15 Meter lang. Die Breite lag bei allen Häuschen bei etwa 2,50 Meter. Von »Höhe« kann man bei etwa 1,40 Meter nicht wirklich sprechen. Ein aufrechtes Stehen war in keinem der Räumchen möglich. Ich kann mir nicht vorstellen, dass in diesen beengten Wohnungen Menschen selbst nur für kurze Zeit gelebt haben.

Wurden vielleicht in diesen niedrigen, schmalen Räumchen heilige Zeremonien abgehalten, die heute vollkommen in Vergessenheit geraten sind? Aufschluss könnten die bemalten Steinplatten bieten, die einst in den Innenwänden der Räumchen fest eingebaut waren. Leider sind sie geraubt worden. Sie verschwanden in Privatsammlungen, vielleicht auch in dem einen oder anderen unbedeutenden Museum.

In »Haus R 13«, so versicherten mir verschiedene, meiner Meinung nach glaubhafte Osterinsulaner, lag bis ins Jahr 1868 versteckt eine der größten Kostbarkeiten der Osterinsel: eine Statue, 2,42 Meter hoch, etwa vier Tonnen schwer, aus Basalt gemeißelt. Auf ihrer Brust, heute kaum noch zu erkennen, war einst eine Ritzzeichnung zu sehen: von einem »Vogel-Mann«, der in Schnabel und Hand je ein Ei hält. Mit einiger Fantasie hat man sie zeichnerisch rekonstruiert. Als Vorlage dienten Petroglyphen, die offenbar eine ganz ähnliche Gestalt zeigen. Ursprünglich war die Figur schwarzweiß bemalt. Basalt ist sehr viel feinporiger als beispielsweise grobporiger Trachyt, aus dem viele der Statuen bestehen. Deshalb lässt sich Basalt recht gut bemalen, im Gegensatz zu sehr viel grobporigerem Gestein.

Es geht nicht anders: der »kleine Riese« muss in seinem Häuschen gelegen haben. Gestanden haben kann er nicht bei einer Größe von 2,42 m und einer »Raumhöhe« von nur 1,40m bis 1,50 m. Vermutlich musste man die Behausung um den altehrwürdigen Moai herum gebaut haben. Durch die kleinen »Türchen« hat er sicher nicht gepasst. Und wie wurde er herausgeholt? Es gibt nur eine Lösung des Problems: Man hat ein Loch in die Wand geschlagen.

Der »kleine Riese« heißt »Hoa haka nana ia«, zu Deutsch angeblich etwa »Gestohlener kleiner Freund«. Er wurde anno 1868 von J. Linton Palmer, seines Zeichens Arzt, entführt und nach Europa verschleppt. Er landete im Londoner »British Museum«, wo er bis heute ausgestellt wird. Eine Briefmarke zeigt das Haupt des gestohlenen »kleinen« Riesen. Seine Rückkehr zur Osterinsel wird bis heute vergeblich gefordert. Die Chancen, dass der gestohlene Freund in seine Heimat zurückkehren darf, sind gering. (6)

Gering ist auch die Chance, dass Kunstwerke, die einst das »Zeremonialdorf« von Orongo zierten, jemals wieder den Osterinsulanern zurückgegeben werden. Sie wurde geraubt oder billig gekauft und verschwanden in Museen und Privatsammlungen. Anno 1882 ankerte das Kanonenboot »SMS Hyäne« vor der Osterinsel. So wie man sich das wilde Tier der »Hyäne« vorstellt, so verhielten sich die »zivilisierten« Menschen gegenüber der vermeintlich »Wilden« der Osterinsel. Sie versklavten die Menschen, raubten archäologische Kostbarkeiten und zerstörten rücksichtslos, was ihnen in den Weg kam. Wie schrieb Karl May (* 1842; † 1912) in seinem Roman »Und Friede auf Erden!«, erschienen anno 1904? (7) »Es kann mir nicht beikommen, ein einzelnes Land, eine einzelne Nation anzuklagen. Aber ich klage die ganze sich ›zivilisiert‹ nennende Menschheit an, dass sie trotz aller Religionen und trotz einer achttausendjährigen Weltgeschichte noch heutigen Tages nicht wissen will, dass dieses ›Zivilisieren‹ nichts anderes als ein ›Terrorisieren‹ ist!«

Fußnoten

(1) Veröffentlicht in Barthel, Thomas S. et al.: »1500 Jahre Kultur der Osterinsel / Schätze aus dem Land des Hotu Matua«, Ausstellungskatalog, Mainz 1989, S. 109-115

(2) ebenda, S. 109, rechte Spalte, Zeilen 16-23

(3) Richter-Ushanas, Egbert: »Die Schrifttafeln der Osterinsel in der Lesung Metoros und Ure Vaeikos«, Bremen 2000

(4) Zu diesem Thema hielt ich am 19. August 2000, und zwar beim Jahrestreffen der dänikenschen A.A.S. in Berlin, einen Vortrag, betitelt »Das Geheimnis der amphibischen Götter«.

(5) Métraux, Alfred: »Ethnology of Easter Island«, Honolulu, Hawaii, 1971, Seite 331, Zwischenüberschrift »Orongo«. Übersetzung aus dem Englischen: Walter-Jörg Langbein

(6) Siehe hierzu... Palmer, J. Linton: »A visit to Easter Island or Rapa Nui, in 1868«, London 1870

(7) May, Karl: »Und Friede auf Erden!«, Erstausgabe Freiburg 1904. Zitat aus Band 30 der im Karl-May-Verlag Bamberg erschienen Ausgabe, 267. Tausend, S. 252, Zeilen 9-16 von oben

## 33. Adam und Eva auf der Osterinsel

Der Kontakt mit der christlich-zivilisierten Welt erwies sich für die Osterinsulaner als ganz und gar nicht segensreich. Durch eingeschleppte Krankheiten kam es auf dem einst paradiesischen Eiland in der Südsee zu Epidemien, der im 19. Jahrhundert fast die gesamte Bevölkerung zum Opfer fiel. Nur ein Bruchteil der ursprünglichen sakralen Mythologie blieb erhalten. Schwer zu entscheiden ist, was echte Osterinsel-Mythologie ist und was erst nach der Christianisierung an Glaubensgut entstand.

Im Zentrum der Osterinseltheologie standen Götter wie Make-Make, der ein Schöpfer von Leben gewesen sein muss. Make-Makes erste Kreation war – so heißt es im Mythos »Make-Make, der Schöpfer der Welt« (1) ein monströses Mischwesen: Eine Kombination aus Make-Make und einem Vogelwesen mit Schnabel, Flügeln und Federn. Dieses Monster könnte so ausgesehen haben wie eines der Mischwesen vom Paradiestor am Dom zu Paderborn.

So ganz zufrieden war Make-Make mit dem Ergebnis dieses Experiments nicht. Er probierte weiter. Im dritten Anlauf (2) »befruchtete Make-Make das Loch eines Steines, in dem rote Erde war. Er mischte seinen Samen und die Erde und formte so den ersten Menschen.«

Make Make schuf auf der Osterinsel »Adam«

Als ich mit einem der örtlichen Geistlichen in der kleinen Kirche der Osterinsel über diese alte Überlieferung diskutierte, löste ich eine heftige Reaktion aus. Der Gottesmann war sichtlich empört und wetterte drauflos: »So ein sündiger Text zeigt doch, wie verderbt diese gottlosen Texte sind! Gott schafft durch das Wort. Er hat es nicht nötig, rote Erde mit seinem Samen zu verarbeiten und daraus einen Menschen, sozusagen Adam, zu fabrizieren!« Auf die erste Kreation des Gottes, das Mischwesen aus Make-Make und Vogel, wollte er auf gar keinen Fall eingehen. Dabei wimmelt es im Kirchlein auf der Osterinsel förmlich von Darstellungen von Mischwesen, die sehr wohl das erste Werk Make-Makes, ein Mischwesen mit den Zügen eines menschenähnlichen Gottes und eines Vogels, zeigen können.

Mit seinem »Adam« war Make-Make zufrieden (3), »da der Mensch, den er eben geformt hatte, ihm ähnlich war und sprechen und denken konnte«. Die Parallelen zur biblischen Genesis sind offensichtlich: Der namenlose »Adam« der Osterinsel wird aus roter Erde geformt, der biblische Adam ebenso (4): »Da machte Gott der Herr den Menschen aus Erde vom Acker und blies ihm den Odem des Lebens in seine Nase. Und so ward der Mensch ein lebendiges Wesen.«

Schon bei der Erschaffung des »Adams« der Osterinsel wird die Anlehnung an den Text der Genesis deutlich. Das gilt auch für die Erschaffung der ersten Frau nach der Osterinselmythologie. Lesen wir zunächst im »Alten Testament«:

»Und der Mensch gab einem jeden Vieh und Vogel unter dem Himmel und Tier auf dem Felde seinen Namen; aber für den Menschen ward keine Gehilfin gefunden, die um ihn wäre.

Da ließ Gott der Herr einen tiefen Schlaf fallen auf den Menschen, und er schlief ein. Und er nahm eine seiner Rippen und schloss die Stelle mit Fleisch.

Und Gott der Herr baute eine Frau aus der Rippe, die er von dem Menschen nahm, und brachte sie zu ihm.

Da sprach der Mensch: Das ist doch Bein von meinem Bein und Fleisch von meinem Fleisch; man wird sie Männin nennen, weil sie vom Manne genommen ist.«

In der Osterinselmythologie bleibt die erste Frau – wie der erste Mann – namenlos (6): »Nach einiger Zeit bemerkte er (Make-Make), dass … der von ihm geformte Mensch sich langweilte und sich einsam fühlte. Dies deuchte ihm nicht gut. Er schläferte ihn ein, legte sich zu ihm und befruchtete seine linke Rippe, so die Frau erschaffend.«

Auch die Schilderung der Erschaffung der ersten Frau durch Make-Make löste beim sittenstrengen christlichen

Priester helle Empörung aus. Gott, so schrie er schließlich, sei kein sexuelles Wesen und schwängere weder Rippen noch rote Erde. Als ich gar nach dem ersten von Make-Make geschaffenen Wesen fragte, rastete der Gottesmann völlig aus: »Gott schuf Adam und Eva als erste Menschen und kein Monster vorher! Das ist eine heidnische Erfindung, um die Menschen in die Irre zu führen!« Woher er das denn so genau wisse? »So steht es in der Bibel! Im Schöpfungsbericht! Halten Sie sich an den Schöpfungsbericht und vergessen Sie diesen heidnischen Unglauben!«

Der Geistliche war inzwischen so von Zorn erfüllt, dass an eine Fortführung unseres Gesprächs vor dem Kirchlein der Osterinsel nicht zu denken war. Ob der Priester wusste, dass laut christlicher Bibel Gott erst eine göttliche Konkurrentin beseitigen musste, bevor er sich ans eigentliche Werk der Schöpfung machen konnte?

Versteckt – und selbst Theologen oft unbekannt – im »Alten Testament« findet sich aber ein anderer Anfang der Geschichte von Gott. Bevor Gott mit der Schöpfung beginnen konnte musste er erst Rahab besiegen (7): »Durch seine Kraft hat er das Meer erregt, und durch seine Einsicht hat er Rahab zerschmettert.«

Gott hat, noch bevor er mit seiner Schöpfung begann, das Meer aufgewühlt und Rahab getötet. Vor dem Beginn der biblischen Geschichte von Gott, wie sie das Alte Testament erzählt, war also Rahab. Wer oder was aber war Rahab? Diverse Lutherausgaben der Bibel erklären in Fußnoten, Rahab sei »der Drache der Urzeit« gewesen. Und in der Tat: der Prophet Jesaja umschreibt Rahab als Drachen. Jesaja appelliert an Gott (8):

»Wach auf, wach auf, zieh' Macht an, du Arm des Herrn! Wach auf, wie vor Alters zu Anbeginn der Welt! Warst du es nicht, der Rahab zerhauen und den Drachen durchbohrt hat?«

Bevor der Gott des Alten Testaments mit der eigentlichen Schöpfung anfangen konnte, musste er erst einmal den

»Drachen« Rahab töten. Rahab existierte also schon bereits vor der Schöpfung. Verschweigt uns die Bibel da etwas? Der Schlüssel zum Geheimnis um Rahab findet sich gleich zu Beginn des Alten Testaments, allerdings muss man den Text gründlich im hebräischen Original untersuchen. In der Übersetzung heißt es wenig aussagekräftig (1. Buch Mose Kapitel 1, Vers 2): »Und die Erde war wüst und leer, und es war finster auf der Tiefe.«. Übersetzt man das hebräische Original wörtlich, lautet der zweite Teil des Verses: »Finsternis lag auf dem Antlitz von Tehom.« Tehom aber lässt sich auf uralte babylonische Mythologie zurückführen: Auf die babylonische Gottheit Tiamat, die auch als Meeresdrachen bezeichnet wird. Ursprünglich aber war Tiamat die Meeresgöttin.

Die biblische Geschichte vom Kampf Gottes gegen Rahab ist eine Kopie einer älteren Vorlage. Das Original steht in der babylonischen Geschichte von Gott: Schöpfergott Marduk muss erst Tiamat besiegen, damit er den Kosmos erschaffen kann. Jahwe, der biblische Gott, entspricht dem babylonischen Gott Marduk, Rahab ist die hebräische Variante der babylonischen Meeresgöttin Tiamat. In Rahab lebt also die Göttin des Meeres weiter. Das Alte Testament verdrängt weitestgehend die Erinnerung an die Göttin, die vor Jahwe geherrscht haben muss. Im biblischen Text wird aus der Göttin ein böser Drache, der von Jahwe zerhackt wird. Auf diese drastische Weise beschreibt der unbekannte Textautor die Verdrängung des Matriarchats durch das Patriarchat. Dass allerdings noch zu biblischen Zeiten und das trotz Androhung der Todesstrafe, weiterhin Göttinnen verehrt und angebetet wurden, steht auf einem anderen Blatt!

Auf der Osterinsel erinnern geheimnisvolle Steinzeichnungen noch an das Mensch-Gott-Vogel- Mischwesen, das Make-Make erschaffen haben soll. Wer das kleine christliche Gotteshaus der Osterinsel besucht, kann seltsame Darstellungen finden. An allen Ecken und Enden begegnet uns die »heidnische« Mythologie, die mehr oder minder dezent verchristianisiert wurde. Der mysteriös-legendäre Vogelmensch, dessen ursprüngliche Bedeutung längst in Vergessenheit geraten ist, findet sich als »Heiliger Geist« auf dem Haupt eines grimmig dreinblickenden Jesus. Der unbekannte Künstler ließ Gesichtszüge von Make-Make in die Holzstatuette einfließen. Wer die Jesus-Figur in der Kirche genauer betrachtet, erkennt die starr dreinblickenden Glotzaugen von Make-Make wieder, die so häufig in Brocken von Vulkangestein eingraviert worden sind.

Oft fand ich nur die stilisierten Augen Make-Makes in den porösen Stein geritzt, kaum noch zu erkennen, im Lauf der Jahrhunderte stark verwittert. Auch in den Schriftzeichen der Osterinselschrift entdeckt man monströse Mischwesen. Leider konnte bis heute, allen gegenteiligen Behauptungen zum Trotz, die Schriftzeichen der Osterinsel nicht entziffert werden. Unzählige Schrifttafeln aus Holz wurden im Rahmen der Christianisierung als Teufelszeug verbrannt. Wie viele in Verstecken erhalten geblieben sind, wir wissen es nicht. Wie viele Schrifttafeln in Depots kleiner Museen oder in Privatsammlungen exzentrischer Millionäre ruhen mögen, wir wissen es auch nicht. Wir wissen aber, dass durch die Christianisierung uraltes Glaubensgut der Osterinsulaner gezielt verdrängt wurde. Nur noch einzelne Sätze in der

Ursprache der Osterinsel sind erhalten geblieben, die heute nicht mehr übersetzt werden können.

So soll Make-Make zu Adam und Eva der Osterinsel gesagt haben: »Vivinavivina hakapiro e ahue.« Was diese in unseren Ohren wohlklingenden Worte einst bedeutet haben? Sie können leider nicht mehr übersetzt werden. Erhalten sind lediglich seltsame Gravuren und Schnitzwerk aus alten Zeiten, so wie am Paradiestor des Doms zu Paderborn eingravierte Mischwesen aus uralten Mythen zu finden sind, die wahrlich alles andere als einen »christlichen« Ursprung haben. Wenn aber in christlicher Kunst »heidnisches« Gedankengut weiterlebt, was hat das zu bedeuten? Dass uralte »heidnische« Überlieferungen so stark waren, dass sie nicht einfach verboten werden konnten! Was im Gedächtnis der missionierten Völker fest verankert war, wurde manchmal christianisiert und in den Volksglauben integriert! Das geschah in Paderborn ebenso wie auf der Osterinsel.

Fußnoten

(1) Felbermayer, Fritz: »Sagen und Überlieferungen der Osterinsel«, Nürnberg 1971, S. 27
(2) Ebenda
(3) Ebenda, S. 28
(4) 1. Buch Mose, Kapitel 2, Vers 7
(5) 1. Buch Mose, Kapitel 2, Verse 20-24
(6) Felbermayer, Fritz: »Sagen und Überlieferungen der Osterinsel«, Nürnberg 1971, S. 27
(7) Hiob Kapitel 26, Vers 12
(8) Jesaja Kapitel 51, Vers 9

## 34. Bibel, Götter, Monsterwesen

Bevor Make-Make sein erstes Menschenpaar kreiert, erschafft er ein Mischwesen: Nach seinem Spiegelbild schuf er es und verabreichte ihm noch die Attribute eines Vogels, Schnabel, Flügel, Federn. Wer glaubt, dass Adam und Eva die ersten von Gott fabrizierten Lebewesen waren, irrt. Vor den Tieren und vor den Menschen rief Gott den mysteriösen »Behemoth«. Im kleinen Bibelbuch Hiob (1) lesen wir: »Sieh' doch den Behemoth, den ich gemacht habe wie dich: Gras frisst er wie der Ochse. ... Er ist der Erstling der Wege Gottes; der ihn gemacht hat, reichte ihm sein Schwert.« In manchen Bibelausgaben wird per Fußnote erklärt, bei dem Behemoth habe es sich um einen grasfressenden Landsaurier gehandelt.

William Blake (* 1757; † 1827) schuf im Juni 1805 ein beeindruckendes Kunstwerk von Behemoth und Leviathan. Blake, Dichter, Mystiker und Maler, hatte angeblich schon als Kind übernatürliche Visionen. Sein Gemälde von Behemoth und Leviathan war als Illustration zum biblischen »Hiob« gedacht. Hiob beschreibt den Behemoth als unglaublich stark (2): »Sieh' doch, welche Kraft in seinen Lenden liegt und welche Stärke in seinen Bauchmuskeln! Sein Schwanz streckt sich wie eine Zeder, die Sehnen seiner Schenkel sind fest verflochten. Seine Knochen sind wie eherne Röhren, seine Gebeine wie Eisenstangen.«

Das klingt nach einem monströsen Tier. Aber was für ein Tier sollte gemeint sein? Ein Nilpferd vielleicht, oder ein Saurier? Wie ist der folgende Satz (3) gemeint? »Er ist der Erstling der Wege Gottes; der ihn gemacht hat, reichte ihm sein Schwert.« Ein Blick in den hebräischen Text verschafft vielleicht Klarheit. Die wortgetreue Übersetzung lautet:

»Er/Es war der Erstling der Wege von El (Gott), der Machende war ihn/es, dass er/es herbeibringe sein Schwert.« El schuf also Behemoth, damit der ihm sein Schwert bringen würde? Wieso sollte Behemoth dem mächtigen Gott sein

Schwert apportieren? Oder gab umgekehrt Gott dem Behemoth sein Schwert? Das vermutet Martin Buber, dessen Bibelverdeutschung hohes Ansehen genießen. Buber interpretiert übersetzend (3): »Das ist der Erstling auf den Wegen des Gottesherrn, der es machte, reichte sein Schwertgebiss ihm.« Buber deutet also das »Schwert« als das besonders scharfe und gefährliche Gebiss des Monsters.

Behemoth (oben) und Leviathan (unten) von Blake; Wikimedia commons public domain, The Morgan Library

Völlig anders versteht Leopold Zunz den Vers. In seiner für jüdische Leser gedachten Übersetzung der Thora wird auch betont, dass Gott den Behemoth als Ersten schuf, aus dem Schwert aber wird ein Messer. Und das gehört weder Gott, noch dem Behemoth (4): »Er ist der Erstling des Werkes Gottes; wer ihn opfern will, mag sein

Messer heranbringen.« Dazu wäre wohl ein besonders starker Gläubiger erforderlich gewesen, der das monströse Lebewesen hätte mit einem Messer töten können.

Wiederum eine andere Übersetzung bietet »The Interlinear Hebrew-English Old Testament« (5), die auf wortgetreue Wiedergabe Wert legt. Da heißt es dann, dass Gott, der den Behemoth schuf, dem Monster mit seinem Schwert entgegentreten kann. Mit anderen Worten: Die Kreatur war so stark und furchteinflößend, dass ihm nur Gott selbst mit dem Schwert in der Hand begegnen konnte. Unbewaffnet wäre das Risiko für Gott selbst zu groß gewesen.

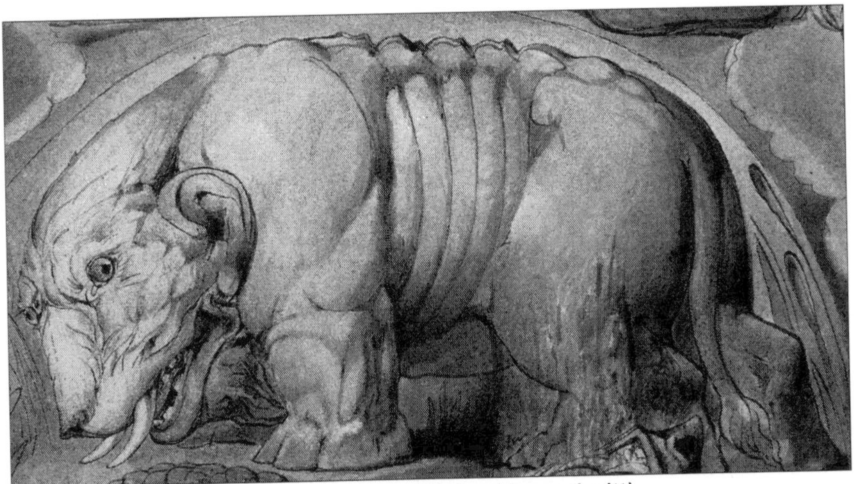

Behemoth von Blake (Ausschnitt)
Wikimedia commons public domain, The Morgan Library

Je mehr Übersetzungen ich konsultiere, desto mehr Varianten finde ich: Mal bringt das Monster Gott sein Schwert, mal überreicht umgekehrt Gott der Kreatur sein Schwert. Mal soll der, der das Monster opfern möchte, sein Messer mitbringen. Und mal muss sich Gott selbst mit seinem Schwert bewaffnen, wenn er dem Behemoth begegnen möchte. Mal wird der Terminus »Schwert« mit den Schneidezähnen des Behemoths gleichgesetzt. Nach Luthers

Übersetzung von 1545 attackiert Gott den Behemoth (6): Gott, »der jn gemacht hat/ der greifft jn an mit seinem schwert«. In neueren Ausgaben des »Alten Testaments« nach Luther heißt es Gott (7), »der ihn gemacht hat, der gab ihm sein Schwert«.

In der Übersetzung des »Alten Testaments« ins Griechische, in der »Septuaginta«, geht das Schwert vollkommen verloren (8): »Dies ist der Anfang der Schöpfung des Herrn, gemacht, um von seinen Boten verspottet zu werden.« In einer Fußnote wird erklärt, dass es sich bei den »Boten« um »Engel« handele. Demnach wurde Behemoth geschaffen, damit die Engel über ihn lachen können. Völlig anders lautet eine Textvariante nach der »Elberfelder Bibel« (9): »Er ist gemacht zum Gewalthaber seiner Gefährten.« Das geschaffene Wesen wäre also so etwas wie ein »Leittier«.

Ich kann nur konstatieren: In Sachen Behemoth herrscht seit Jahrhunderten weitestgehend Ratlosigkeit bei den Übersetzern! Wer immer nur eine bestimmte Bibelübersetzung konsultiert, mag glauben, dass er damit die einzig wahre Übersetzung kennt. Fakt ist aber, dass unterschiedliche Bibelausgaben ganz unterschiedliche, voneinander stark abweichende Textversionen bieten. Nicht zuletzt dank des Internets kann heute auf unzählige Bibelvarianten zurückgegriffen werden, um mysteriöse Passagen in den unterschiedlichen Varianten miteinander zu vergleichen.

In den Chor der Interpreten mischt sich eine Stimme, die manchen Theologen schrill in den Ohren klingen mag. Ende der 1970er Jahre machte mich Theologieprofessor Maurer auf das Werk von Dr. J. Lanz-Liebenfels aufmerksam. Hinter einer Reihe von kirchengeschichtlichen Werken verstauben schmale Bändchen aus der Feder von Lanz-Liebenfels, stapelten sich Zeitschriften mit Artikeln über die Realität von Mischwesen. Lanz-Liebenfels, ein schon zu Lebzeiten umstrittener Theologe, schlug anno 1906 in seinem Werk »Theozoologie« (10) eine erstaunlich moderne Lösung für das Problem vor. Behemoth war seiner Überzeugung nach ein Tier-Mensch, also ein Mischwesen aus Mensch und Tier, so wie die namenlose Kreatur, die einst Gott Make-Make nach alter Mythologie auf der Osterinsel schuf. Und Lanz-Liebenfels zitiert den Talmud: »Gebenedeit sei der, der die Geschöpfe verändert.«

Der Theologe konnte sich vor mehr als einem Jahrhundert nicht vorstellen, dass mit Hilfe der Gentechnik tatsächlich Geschöpfe »verändert« werden können. Gentechnik ist der Schlüssel zu einem realen Frankenstein-Labor, das schlimmste Horror-Kreaturen ins Leben rufen kann. Im Vergleich dazu mutet Dr. Frankensteins aus Leichenteilen zusammengesetztes Monster wie eine holde Lichtgestalt an.

Dr. Lanz-Liebenfels war vor mehr als einem Jahrhundert davon überzeugt, Abbildungen solcher Mischwesen gefunden zu haben (11): »Auf dem sogenannten schwarzen Obelisken des Assyrerkönigs Salamasar II. sind merkwürdige Darstellungen zweibeiniger menschenartiger Wesen zu sehen.«

Lanz-Liebenfels Mischwesen auf dem schwarzen Obelisken

Nun könnte man annehmen, dass da unbekannte Künstler vor rund drei Jahrtausenden irgendein Horrormärchen mit Fantasiegestalten illustriert haben. Dem ist aber nicht so. Die Gravuren gehören nicht zu einer Fantasy-Story, sondern – das wird im dazugehörigen Keilschrifttext genau aufgelistet – zu einem sachlichen Bericht (12): »Die Beischrift, eine nüchterne geschichtliche Tributliste, besagt, dass der König aus dem Lande Mursi (aramäische Landschaft) prati baziati und udumi als Tribut erhalten habe.«

Da wurden also vor drei Jahrtausenden mysteriöse Mischwesen verewigt, in Wort und Bild, die es in der Natur nicht gegeben haben darf. Sind es »geänderte Geschöpfe«, so wie der Behemoth, den der biblische Gott als Erstes geschaffen hat, und zwar noch vor dem Menschen? Sind es gentechnisch fabrizierte Mischwesen aus Gottes Labor? Dr. Lanz-Liebenfels (13): »Werfen wir einen Blick auf die baziati. Die Wesen haben etwas Affenartiges an sich, aber trotzdem dürfen sie nicht als Affe ohne weiteres angesprochen werden. Ihr Gesamttypus, – sackförmiger Leib, kurze Extremitäten - ist geradezu reptilienhaft.«

Dr. Lanz-Liebenfels ließ vor über hundert Jahren keinen Zweifel aufkommen (14): »Ausgeschlossen ist es, dass die dargestellten Zoa (Lebewesen) aus Mangel an künstlerischer Technik unverlässlich seien. Die abgebildeten Tier- und Menschengestalten sind von überraschender Naturwahrheit. Übrigens zeigen die Assyrer um diese Zeit in der Plastik eine Realistik der Tierdarstellungen, die selbst heute noch ihresgleichen sucht. Bekanntlich nannte man die Assyrer in neuester Zeit scherzweise die ›Holländer‹ des Altertums. Die Wesen haben wirklich ausgesehen, wie sie dargestellt sind.«

Nicht anders urteilt Erich von Däniken, der die mysteriösen Mischwesen erstmals einer breiten Öffentlichkeit vorstellte (15): »Auch die kleinwüchsigen Menschentiere auf dem assyrischen Obelisken werden von Wärtern an der kurzen Leine gehalten. Es sind Tiere mit menschlichen Köpfen; eines der Mischwesen steckt den Daumen in den Mund – die Monstren lebten!«

Weltweit wimmelt es von Legenden, Mythen und heiligen Überlieferungen, in denen Götter agieren. Weltweit gibt es Texte über Götter, die Lebewesen erschaffen. Waren es Götter, die weltweit mit gentechnischen Mitteln abstruseste Lebensformen erzeugt haben? Darstellungen dieser Kreaturen gibt es weltweit. Eine kleine Auswahl gefällig? Assurbanipals Soldaten erbeuteten einige dieser merkwürdigen Wesen. Künstler hielten fest, wie die Geschöpfe abtransportiert werden. Deutlich zu erkennen: Sie waren Tier-Mensch-Mischungen. Mischwesen wurden als Grabkunst vor 5.000 Jahren im Reiche Ur verewigt, darunter eine »Kombination« aus Mensch und Skorpion. Seltsam! Solche Skorpionwesen meißelten unbekannte Künstler auch vor nicht ganz 1.000 Jahren in den Fries am »Paradiestor« (Dom zu Paderborn).

Skorpion-Kreaturen; links Ur, rechts Paderborn

Tier-Mensch- oder Tier-Tier-Mischwesen begegneten mir auf meinen Reisen weltweit: Auf der Osterinsel ebenso wie in einem Felsentempel in Mahabalipuram, Indien. Und immer schufen die Künstler, die die Mischwesen dargestellt haben, zusätzliche Bildnisse von Mensch und Tier in geradezu fotorealistischer Manier. Sie konnten also die Realität sehr naturgetreu abbilden, die Darstellungen der Mischwesen sind kein Resultat mangelhafter Fähigkeiten der Künstler. Mischwesen aber können nicht von der Natur hervorgebracht worden sein... Wurden sie von »göttlichen« Gentechnikern entwickelt? Heutige Gentechniker können schon die monströsesten Mischwesen ins Leben rufen. Ich bin davon überzeugt, dass in geheimen Labors schon längst solche Mischwesen produziert werden, wie vor Jahrtausenden. Warum? Weil Experimente schon um ihrer selbst willen ausgeführt werden, oder einfach nur um auszutesten, was möglich ist!

Sind nun die uralten Darstellungen von Mischwesen reine Fiktion? Sind sie symbolisch zu verstehen? Oder erinnern sie uns an eine Realität, die wir nicht wahrhaben wollen? Was ist von einem Mosaik zu halten, das eine Reihe von Fabelwesen zeigt, die der griechischen Mythologie entsprungen sein könnten, die aber auch in ganz andere Kulturkreise passen? Haben die alten Götter mit den Monsterwesen zu tun? Wurden weltweit von den göttlichen Kollegen Jahwes auch »Behemoths« und »Leviathane« geschaffen?

Mosaik mit sechs Fabelwesen

Anmerkung:

Zitate aus älteren Quellen wurden möglichst buchstabengetreu übernommen. Die Schreibweise wurde nicht den heute gültigen Regeln der Rechtschreibreform angepasst.

Literaturempfehlung:

Däniken, Erich von: »Die Augen der Sphinx«, München 1989

Langbein, Walter-Jörg: »Das Sphinx-Syndrom/ Die Rückkehr der Astronautengötter«, München 1995

Fußnoten

(1) Hiob, Kapitel 40, Verse 15 und 19

(2) Ebenda, Verse 16-18

(3) »Die Schrift / Verdeutscht von Martin Buber gemeinsam mit Franz Rosenzweig«, Band 4, Heidelberg, 4. Verbesserte Auflage der neubearbeiteten Ausgabe von 1962, S. 336

(4) »Die vierundzwanzig Bücher der Heiligen Schrift / Übersetzt von Leopold Zunz«, Basel 1980, S. 616

(5) »The Interlinear Hebrew-English Old Testament«, Grand Rapids, USA, 1987, S. 344

(6) »Die gantze Heilige Schrifft Deudsch«, Wittenberg 1545, zitiert in der Schreibweise Luthers

(7) Hiob, Kapitel 40, Vers 19, zitiert aus: »Die Bibel oder die ganze Heilige Schrift nach der deutschen Übersetzung D. Martin Luthers«, Stuttgart 1915

(8) »Septuaginta Deutsch/ Das griechische Alte Testament in deutscher Übersetzung«, Stuttgart, 2. Verbesserte Auflage 2010

(9) Hiob, Kapitel 40, Vers 19, zitiert aus: »Die Heilige Schrift/ Aus dem Grundtext übersetzt/ Elberfelder Bibel revidierte Fassung«, Wuppertal und Zürich, 4. Sonderausgabe 1995

(10) Lanz-Liebenfels, Dr. J.: »Bibeldokumente Band II: Theozoologie«, Wien, Leipzig, Budapest 1906, Seite 5 und 9

(11) Ebenda, S. 26

(12) Ebenda

(13) Lanz-Liebenfels, Dr. J.: »Bibeldokumente/ Band III/ Der Affenmensch der Bibel«, »Neue Metaphysische Rundschau«, Berlin 1907, Seite 12

(14) Lanz-Liebenfels, Dr. J.: »Bibeldokumente/ Band III/ Der Affenmensch der Bibel«, »Neue Metaphysische Rundschau«, Berlin 1907, Seite 2

(15) Däniken, Erich von: »Die Augen der Sphinx«, München 1989. S. 81

## 35. Von Luxor zur Osterinsel

Im alten Griechenland erfreute sich ein Rätsel größter Beliebtheit. Die – oder der – Sphinx befragte jeden Passanten: »Was ist das? Am Morgen geht es auf vier, mittags auf zwei und abends auf drei Beinen?« Wer die Nuss nicht knacken konnte, wurde getötet. Die gesuchte Antwort: »Der Mensch! Als Baby krabbelt der Mensch auf vier ›Beinen‹, als Erwachsener geht er kraftvoll aufgerichtet auf zwei Beinen und als alter, schwacher Mensch nimmt er als drittes ›Bein‹ einen Stock zu Hilfe!«

Der Ursprung des Rätsels liegt allerdings nicht im alten Griechenland, sondern in Ägypten. Das harmlos wirkende Rätsel lässt uns einen Blick auf Jahrtausende alte Kosmologie werfen. Morgens ist die Sonne schwach und kriecht wie ein Käfer. Am Tag ist sie Re und abends Atum. Der ägyptische Re wurde als schlanker Pfeiler aus Rosengranit verkörpert. Seine steinerne Spitze war vergoldet und glänzte im Licht der Sonne. Gottheit Atum ging in Darstellungen am Stock.

Betritt man den Tempel von Luxor von Norden her, so blickt man gen Süden, wo die Sonne ihren Höchststand erreicht. Oder anders ausgedrückt: Stand die Sonne im Süden hoch am Himmel, schickte sie ihre Strahlen segnend herab, vor allem natürlich auf den mächtigen irdischen Herrscher, der nach seinem Tod zum Gott werden würde. Der Regent badete förmlich im Glanz göttlicher Autorität, ließ die frommen Gläubigen in Ehrfurcht erstarren. Wurde nicht ein irdischer Pharao durch die Huld der Sonne selbst auch zu göttlicher Autorität? Wurde dem Mächtigsten im Staate so das ehrenvolle »von Gottes Gnaden« verliehen?

Der Tempel von Luxor stand nicht zufällig in Theben. In der legendären Ilias ist in schnörkelloser Schlichtheit von »Thebai, Aigyptos´ Stadt« die Rede. Oder die mächtige Metropole wurde nur schlicht als »die Stadt« bezeichnet, also als Stadt der Städte. Der heilige Tempelbezirk »der« Stadt Ägyptens begann vor Jahrtausenden direkt am Nil. Pilger, die aus ihren Boten stiegen, betraten am Ufer sogleich den Vatikan Ägyptens. Niemand vermag zu sagen, welch gewaltige Mauerreste der Fundamente noch darauf warten, endlich wieder ausgegraben zu werden. Gewaltige Steinsäulen waren nicht in erster Linie praktische Pfeiler für ein gigantisches Dach, erklärte mir vor Ort ein Student der Archäologie, sie waren eher wie steinerne Bäume in einem steinernen Wald. Und dieser heilige Wald aus Schatten und Licht galt als der Nabel der Welt.

Nabel der Welt? Als einer der ursprünglichen Namen der Osterinsel gilt »Te Pito O Te Henua«. Osterinselforscher Fritz Felbermayer (1): »›Te Pito O Te Henua‹ – ›Der Nabel der Erde‹ ist der wohl einst von den Eingeborenen gebrauchte Name, der immer wieder in ihren Sagen und Überlieferungen vorkommt. Der heutzutage von den Einheimischen gebrauchte Name ›Rapa Nui‹ – ›Große Insel‹ ist eigentlich modern.«

Nordeingang des Tempels von Luxor

Eine weitere Parallele zwischen Osterinsel und Ägypten drängt sich mir auf. Auf dem fernen Eiland der Südsee wie im uralten Reich am Nil gab es offensichtlich ein Faible für kolossale Statuen. Fritz Felbermayer hält fest (2): »Die Osterinsel verdankt ihre Berühmtheit den riesigen Statuen aus Stein, die über die ganze Insel verstreut zu finden sind. Auf keiner der Inseln der Südsee findet man Steinstatuen in dieser Ausführung und Größe ... Einige Statuen sind einen Meter hoch, andere ragen bis zu 20 Meter empor.«

Auch die »alten Ägypter« hatten ein Faible für kolossale Steinfiguren. Legendär sind die beiden Memnon-Kolosse, die im 14. Jahrhundert vor Christus errichtet wurden. Die südliche Memnon-Statue hat, Sockel inklusive, eine Gesamthöhe von 17,27 Metern, die nördliche Memnon-Riesenplastik ragt, Sockel inklusive, 18,36 Meter in den Himmel. Vom Format sind sie durchaus mit Riesen-Figuren der Osterinsel vergleichbar!

Die Osterinsel-Kolosse, so überliefern das einige uralte Legenden und Sagen, konnten einst aus eigener Kraft vom Steinbruch aus viele Kilometer zu ihren Bestimmungsorten gehen. Seltsam! Auch älteste Überlieferungen Ägyptens bringen Kolossalstatuen in Verbindung mit Leben! Trugen doch die Steinmetze und Bildhauer, die die gewaltigen Statuen schufen, die ehrenvolle Bezeichnung »Lebendigmacher«! Warum? War es die Aufgabe dieser Künstler, »Götter und Pharaonen in der Erinnerung der Nachkommen lebendig zu erhalten«, wie Bernd Mertz in seinem wirklich lesenswerten Werk »Ägypten« mutmaßt (3)?

Warum ließ zum Beispiel Ramses II. vier Statuen in den gewachsenen Fels von Abu Simbel schlagen, jede über zwanzig Meter hoch? Warum stellten die alten Ägypter Götter und Pharaonen so häufig als wahre Kolossalstatuen dar? Warum bauten sie – oftmals über Jahrhunderte hinweg – Tempel zu wahren Festungsanlagen aus, deren Größe den menschlichen Besucher winzig klein erscheinen lässt? Bernd A. Mertz erklärt (4): »Der Tempel musste großartig sein, weil die Götter es auch waren! Man kann einem Gott keine Lehmhütte bieten. Die Gottstatuen waren geschaffen, damit sich die Götter, wenn sie wollten, hier niederlassen konnten. Daher fielen auch die steinernen Figuren der Pharaonen so gigantisch aus, denn sobald sie bei Osiris waren, wurden sie selbst zu Göttern. Wollten sie nun wieder zurück, konnten ihre Seelen in den steingewordenen Abbildern Einzug halten.«

Mit anderen Worten: Götter und zu Göttern gewandelte Pharaonen konnten die Kolossalstatuen als »Eingangstore« nutzen, um von der überirdischen Welt in die profanen Gefilde des irdischen Alltags zu gelangen. Vor diesem Hintergrund gewinnt die Bezeichnung »Lebendigmacher« für die Erschaffer der Steinfiguren eine ganz andere Bedeutung. Hatten die Erbauer der steinernen Osterinselriesen ähnliche Vorstellungen? Der Überlieferung nach konnten die Osterinselkolosse gehen. Warum? Weil die Geister von Verstorbenen oder gar Götter in die toten Statuen fahren konnten und diese dann »lebendig« wurden?

Eine Verbindung zwischen den Riesenfiguren und den Toten gibt es in der Tat! Fritz Felbermayer berichtet (5): »Als ein zweites Wunder zieren die ›Ahu‹ die Aufmerksamkeit der Besucher auf sich. Ahus sind Grabmäler, die sich fast alle an der Küste befinden; sie sind terrassenförmig aus Steinquadern aufgebaut. Auf ihrer höchsten Plattform standen einst Steinfiguren, die schon bei den ersten Besuchern das größte Erstaunen hervorriefen. Im Inneren dieser Steinterrassen befanden sich die Grabkammern, in denen vor langer Zeit die Bewohner der Insel ihre Toten beisetzten. Man kann deutlich sechs verschiedene Typen von Grabmälern unterscheiden. Von den beiden bedeutendsten ist der erste aus mächtigen, schön bearbeiteten Steinquadern so genau zusammengefügt, dass sich keine Figuren feststellen lassen. Seine Bauart weist auf die Inka in Peru.«

Die »Ahu« waren ursprünglich vom Aufbau her mit einfachen Stufenpyramiden vergleichbar, aufgetürmt aus tonnenschweren Blöcken, die in unglaublicher Präzision zusammengefügt worden sind. In diesen »Pyramiden« befanden sich Grabkammern. Von den alten Bestattungsriten der Ureinwohner ist einiges bekannt. Der Leichnam eines Verstorbenen wurde in eine Art Strohmatte eingewickelt, die an den Enden zugebunden wurde. Dann wurde der Tote mit dem Kopf in Richtung Meer auf einer »hölzernen Struktur« am Strand aufgebahrt. Manchmal wurde ein Leichnam aber auch eingewickelt und in einen Felsspalt am Strand gesenkt. Noch heute soll es tiefe Felsklippen an Steilküsten der Osterinsel geben, in denen Skelette ruhen. Ob auch in neuerer Zeit alte vorchristliche Bestattungsriten vollzogen werden?

Eingang zu einer Grabkammer im »Ahu«

Wie lange man gewartet hat, bis ein Toter in die Gruft im »Ahu« gebracht wurde? Alfred Metraux vermutet: Das geschah wahrscheinlich erst, wenn völlige Verwesung eingetreten war. Erst dann fand das Skelett seine vorerst letzte Ruhestätte in einer Kammer im »Ahu«. Damit endete dann die Trauerzeit. Nicht alle Skelette blieben für immer in den Gruften. Grund: Die Grabkammern in den »Ahus« sind recht beengt. Ein sehr schmaler, sehr niedriger, mit glatt polierten Steinen rundum ausgekleideter »Gang« führt in das Innere. Die Bezeichnung »Gang« irreführend. In einem Fall maß ich

1,20 Meter in Höhe und Breite. Pietätvoll kann es nicht gewesen sein, Skelette durch solche engen Röhren ins Innere der Grabkammern zu schaffen.

So ein Grab-»Ahu« diente einer Familie oder einem Clan viele Generationen. Es fielen also viele Tote an. Wenn Platzmangel eintrat, entfernte man wieder die Skelette bis auf den Totenschädel aus der Gruft. Die Knochen, so stellten frühe Osterinselbesucher fest, wurden dann verstreut: In der Nähe des »Ahu« oder auf dem ›Ahu‹. Nur noch die Totenköpfe blieben im Inneren der Ahus!

Was christliche Geistliche gar nicht gern hören: Auch nachdem die Osterinsel schon längst als christianisiert galt, hielten die Insulaner an ihren alten Riten fest. Sie duldeten es zwar, dass die Toten auf dem offiziellen, christlichen Friedhof beigesetzt wurden, gruben die Leichen aber nachts wieder aus, um sie nach den alten Riten zu »behandeln«. Öffentlich freilich blieb der Schein gewahrt.

Die Seelen von Menschen, die sich zu Lebzeiten an die religiösen Riten gehalten haben, konnten sich glücklich schätzen, gingen sie doch in ein »fernes Land« (Paradies?) ein. Die Seelen von bösen Menschen indes kehrten aus dem Jenseits zurück, litten Qualen und peinigten ihre Verwandten. Reine Geistwesen waren diese Spukgestalten wirklich nicht. Je weniger sie nach den damaligen Moralvorstellungen gelebt hatten, desto schlimmer wurden sie nach dem Tode als Geister von Hunger und Durst gequält. Verwandte stellten ihnen Speis‘ und Trank in Nähe der Begräbnisstätte auf. Das sollte die Geister milde stimmen.

Auf den »Pyramiden« thronten kolossale Steinfiguren. Staunend stand ich vor dem »Ahu Vinapú«, der nur noch erahnen lässt, wie imposant einst dieses Bauwerk gewesen sein muss. Ein großer Teil der Ruine scheint im Verlauf der Jahrhunderte abgetragen worden zu sein. Die Kolosse ragen nicht mehr stolz auf der einstigen Pyramiden-Plattform in den Himmel. Sie liegen zertrümmert am Boden. Im Verlauf der Zeit verwitterten die Statuen. Ein Eingang in die Grabkammer ist allerdings noch deutlich zu erkennen!

Die glatt polierten mächtigen Steinquader von »Ahu Vinapú« sind millimetergenau aufeinander gefügt, ansonsten aber macht die einstmals riestolze Plattform für riesige Statuen einen desaströsen Eindruck. Die Kolosse wurden vom Podest gestürzt und liegen in Trümmern am Boden. Umstritten ist, wie die Figuren zu Fall gebracht wurden. Eine These lautet, dass sich verfeindete Stämme bekriegten und gegenseitig die Statuen umwarfen. Diese Version wurde mir wiederholt von Osterinsulanern bestätigt. Demnach geht von den Statuen ein Zauber aus. Wer die größten Statuen hatte, dem stand die mächtigste Magie zur Verfügung. Wollte man einen feindlichen Stamm besiegen, musste dessen Magie zerstört werden. Also hat man versucht, möglichst viele »feindliche« Statuen unschädlich zu machen und selbst möglichst große Statuen zu errichten.

Fußnoten

(1) Felbermayer, Fritz: »Sagen und Überlieferungen der Osterinsel«, Nürnberg 1971, S. 6, rechte Spalte, Zeilen 4-9

(2) Ebenda, S. 7, linke Spalte, Zeilen 19-25

(3) Mertz, Bernd A.: »Ägypten/ Das Land von Isis und Osiris«, herausgegeben von Wulfing v. Rohr, München 2/1991, S. 107, 3. Zeile von oben

(4) Ebenda, S. 106, Zeilen 12-20 und S. 107, Zeile 1

(5) Felbermayer, Fritz: »Sagen und Überlieferungen der Osterinsel«, Nürnberg 1971, S. 8, linke Spalte, Zeilen 3-17

Bereits im NIBE-Verlag erschienen:

ISBN: 978-3-947002-14-6
268 Seiten
Softcover
14,95 EUR
inkl. 7 % MwSt. zzgl. Versandkosten

Walter-Jörg Langbein, Jahrgang 1954, bereist seit Jahrzehnten die Welt, um Material für seine erfolgreichen Sachbücher zu sammeln. In »Monstermauern, Mumien und Mysterien« bietet er Einblick in das weite Spektrum seiner Forschungsarbeit. In 38 Kapiteln entführt der anerkannte Experte in Sachen Grenzwissenschaften seine Leserinnen und Leser auf eine spannende, abwechslungsreiche Reise durch Raum und Zeit.

Langbein folgt den Spuren von Besuchern aus dem All, entdeckt die Darstellung eines »UFOs« im Dom zu Limburg«, besteigt Pyramiden und klettert in die »Unterwelt«. Leserinnen und Leser sind immer dabei! Kein zweiter Autor bietet ein so facettenreiches Spektrum aus dem weiten Feld der fantastischen Realität.

Eine kleine Auswahl aus der Themenvielfalt: »Engel, Götter oder Teufel?«, »Kelten, Maria und eine Heidenkirche«, »Ein mysteriöses Gemälde im Dom«, »Moses, Aaron, »Hesekiel und Daniels ›UFO‹«, »Die Augen der Wüste und eine neue Erklärung«, »Das Geheimnis der fliegenden Kapelle«, »Birkenstein und das Wunder von Loreto«, »Jakob und das schreckliche Tor zum Himmel«, »Mit dem ›Fahrstuhl‹ durchs ›Sternentor‹ ins All«